Das Wissensquiz

D1856664

Das Wissensquiz

Tiere und Pflanzen

300 spannende Fragen und noch mehr Antworten

MOEWIG

Alle Informationen (insbesondere die Antworten) in diesem Buch wurden von uns mit größtmöglicher Sorgfalt zusammengestellt und auf ihre Richtigkeit geprüft. Wir übernehmen aber keine Haftung oder Gewährleistung für die Richtigkeit und Vollständigkeit dieser Informationen. Haftungsansprüche gegen den Autor sowie gegen den Verlag, welche sich auf Schäden materieller oder ideeller Art beziehen, die durch die Nutzung oder Nichtnutzung der dargebotenen Informationen bzw. durch die Nutzung fehlerhafter und unvollständiger Informationen verursacht wurden, sind grundsätzlich ausgeschlossen, sofern seitens des Autors bzw. des Verlages kein vorsätzliches oder grob fahrlässiges Verschulden vorliegt.

© edel entertainment GmbH, Hamburg
www.moewig.de

Text: Frank Michael von Berger
Redaktion, Layout und Satz: alpha & bet VERLAGSSERVICE, München

Originalausgabe
Alle Rechte vorbehalten
Umschlagabbildung: Corbis, Stapleton Collection, Düsseldorf
Printed in Germany
ISBN: 978-3-927801-29-5

Inhalt

Die wunderbare Welt der Tiere

Die Vielfalt der Tierwelt ist beeindruckend. Und obwohl manche Tierart inzwischen in ihrem Bestand bedroht oder bereits ausgestorben ist, werden auch heute noch immer neue Spezies entdeckt. Das Spektrum der Arten umfasst so verschiedene Vertreter wie die einfachsten Organismen, die aus wenigen Zellen bestehen, Fische der Binnengewässer und Meere, urweltlich anmutende Echsen, aber auch so vertraute Geschöpfe wie Vögel, Hunde, Esel, Katzen und Pferde. Das Reich der Insekten stellt noch einmal eine ganz eigene Welt dar.

Überall, wo sich auf unserem Planeten auch nur einigermaßen annehmbare Bedingungen bieten, siedelt sich tierisches Leben an. Die Anzahl der insgesamt auf der Erdoberfläche lebenden Tiere ist kaum zu schätzen. Sie haben im Lauf der Evolution die unterschiedlichsten Lebensräume erobert, finden nicht nur im üppig grünen Regenwald oder den heimischen Mischwäldern, sondern auch in der eisigen Arktis, den trockensten Wüsten oder den tiefsten Regionen der Weltmeere Nahrung und Unterschlupf. Manche leben ganz nach dem Motto „Fressen und gefressen werden“ als Räuber und Beutegreifer, andere sind friedliche Pflanzenfresser. Manche Arten überraschen mit ihrer Anpassungsfähigkeit, andere beeindrucken durch ihr bizarres Aussehen oder ihr erstaunliches Verhaltensrepertoire. Und obwohl man beim Anblick einer Assel, einer Spinne oder einer Schlange vielleicht erschauert, sind all diese Geschöpfe unverzichtbare Teile eines Ganzen, das erstaunlich gut funktioniert, solange der Mensch nicht störend eingreift. Mit etwas mehr Wissen über die Vielfalt und Wunder der Tierwelt entsteht vielleicht auch etwas mehr Verständnis für die sensiblen Zusammenhänge der Natur.

Tiere … und Geschichte

Frage

1

Welche Tiergruppe ist entwicklungsgeschichtlich die älteste?

- *Muscheln*
- *Fische*
- *Schwämme*

2

Auf welcher Insel dominierten die Beuteltiere, bevor Menschen andere Tierarten einführten?

- *Madagaskar*
- *Australien*
- *Borneo*

3

In welchem Erdzeitalter traten die ersten Säugetiere auf?

- *Devon*
- *Quartär*
- *Trias*

4

Eine der genannten Arten war noch im 16. Jahrhundert Brutvogel in Deutschland und starb dann in Europa aus. Welche Art war das?

- *Sichler*
- *Löffler*
- *Waldrapp*

Antwort

1

Schwämme gehören zu den ältesten Tierarten. Sie traten bereits im Präkambrium auf (vor etwa 690 Millionen Jahren). ***Muscheln*** traten zuerst im oberen Kambrium auf (vor etwa 500 Millionen Jahren) und ***Panzerfische*** (Placodermi), eine Klasse ausgestorbener, paläozoischer Fische, traten zuerst im Ordovizium (vor 450 Millionen Jahren), also als jüngste Gattung, in Erscheinung.

2

In ***Australien*** fehlten außer Fledermäusen und einigen kleinen Nagetieren die Plazentatiere, dafür gab es jedoch über 100 Beuteltierarten (Marsupialia). Alle anderen heute in Australien heimischen Säugetiere wie der Dingo, das Papuaschwein oder die Kaninchen wurden durch den Menschen eingeführt. ***Madagaskar*** und ***Borneo*** haben eine reiche Säugetierfauna, aber keine Beuteltiere.

3

Die ersten Säugetiere traten in der ***Trias*** (vor 170 bis 215 Millionen Jahren) auf, dem untersten System des Mesozoikums. Gleichzeitig lebten die Saurier, die jedoch zu den Reptilien gezählt werden. Im ***Devon*** (vor 340 bis 390 Millionen Jahren) erschienen die ersten Insekten sowie zahlreiche Fischarten auf der Erdoberfläche, und im ***Quartär*** betrat der Mensch die Erde.

4

Der kahlköpfige ***Waldrapp*** (*Geronticus eremita*) nistete bis ins 16. Jahrhundert in Deutschland. Er kommt heute nur noch am Euphrat und in Nordwestafrika vor. Den ***Sichler*** (*Plegadis falcinellus*) trifft man in Oberitalien, dem Donaudelta und auf dem Balkan als Brutvogel an. Der ***Löffler*** (*Platalea leucorodia*), ein reiherartiger Watvogel mit löffelförmiger Schnabelspitze, breitet sich in jüngerer Zeit an der Nordseeküste aus.

Tiere … und Geschichte

Frage

5

Welche Fischart gilt als „lebendes Fossil“?

- *Rochen*
- *Quastenflosser*
- *Stör*

6

Auf welchem Erdteil entstanden die Kolibris?

- *Asien*
- *Afrika*
- *Amerika*

7

Was sind sogenannte Donnerkeile?

- *fossile Mammutstoßzähne*
- *versteinerte Schalenteile von Kopffüßern*
- *versteinerte Vorfahren des Nautilus*

8

In welchem Erdzeitalter starben die Dinosaurier aus?

- *Trias*
- *Jura*
- *Kreide*

Antwort

5

Der **Quastenflosser** (*Latimeria chalumnae*) kriecht auf Brust- und Bauchflossen über felsigen Untergrund. Sein Skelett ist überwiegend knorpelförmig und seine Wirbelkörper sind nicht voll entwickelt. Er galt als urtümliche Fischart, die seit 60 Millionen Jahren ausgestorben sein sollte, bis 1938 lebende Exemplare gefangen wurden. Auch ***Störe*** und ***Rochen*** sind, wie die Haie und Welse, Knorpelfische, gelten aber nicht als „lebende Fossilien".

6

Die Familie der Kolibris (Trochilidae) mit rund 120 Gattungen entstand auf dem ***amerikanischen Kontinent.*** Der kleinste, kaum hummelgroße Kolibri wiegt nur etwa 2 g. Die ähnlich aussehenden Nektarvögel der Gattung Nectarinia stammen aus ***Asien*** (besonders Indien), ***Afrika*** und den Inseln im Indischen Ozean, kommen aber nicht in Amerika vor.

7

Donnerkeile sind die ***versteinerten Schalenteile von Kopffüßern*** (Belemniten), die bis zu einem halben Meter lang sein können. Belemniten erschienen im Karbon, hatten im Jura und in der Kreidezeit ihren Höhepunkt und starben im Eozän aus. ***Fossile Mammutstoßzähne*** bezeichnet man trotz ihres Alters als Elfenbein und die ***versteinerten Vorfahren des Nautilus*** heißen Ammoniten.

8

Die Dinosaurier starben in der ***Kreidezeit*** (vor etwa 125 Millionen Jahren) aus. In der ***Trias*** (vor 170 bis 215 Millionen Jahren) traten die ersten Saurier überhaupt auf. Im ***Jura,*** dem darauf folgenden Erdzeitalter, entwickelten sich zunächst die Raubdinosaurier, Flugsaurier und pflanzenfressenden Plattensaurier, später dann die ersten großen Pflanzen fressenden Dinosaurier wie der Brachiosaurus.

Frage

9

Welcher Vogel ist in Neuseeland ausgestorben?

- *Kiwi*
- *Kea*
- *Moa*

10

Eine der drei genannten Insektenarten ist Mitte des 19. Jahrhunderts als Einwanderer nach Europa gekommen. Welche war es?

- *Schwarze Bohnenblattlaus*
- *Reblaus*
- *Grüne Apfel-Blattlaus*

11

Welcher Hochseevogel wurde 1844 ausgerottet?

- *Riesenalk*
- *Trottellumme*
- *Papageitaucher*

12

Welches der genannten Tiere gilt als „Urvogel"?

- *Ichthyosaurus*
- *Archäopteryx*
- *Pteranodon*

Antwort

9

Der bis zu 3 m hohe ***Moa,*** ein Straußenvogel, wurde von den Ureinwohnern Neuseelands durch Bejagen ausgerottet. Der ***Kiwi*** ist eine neuseeländische Form der Straußenvögel. Der ***Kea*** oder Nestorpapagei von der Südinsel ist ein sehr intelligenter Vogel und gilt als gefährdet.

10

Mitte des 19. Jahrhunderts wurden amerikanische Reben nach Europa eingeführt, weil man sich von ihnen eine bessere Resistenz gegenüber dem eingeschleppten Echten Mehltau erhoffte. Unfreiwillig kam damit auch die ***Reblaus*** (*Dactylosphaera vitifoliae*) nach Europa, wo sie bis zum Ende des 19. Jahrhunderts große Teile der Weinbaugebiete vernichtete. Die ***Schwarze Bohnenblattlaus*** und die ***Grüne Apfel-Blattlaus*** sind in Europa heimisch.

11

Der flugunfähige ***Riesenalk*** (*Alca impennis*) erreichte ein Gewicht von etwa 5 kg und wurde von Seeleuten und Fischern als Proviant gejagt. Das letzte Tier wurde 1844 auf Island erlegt. Die ***Trottellumme*** (*Uria aalge*) ist der häufigste Alkenvogel der europäischen Nordmeere und nicht bedroht. Der ***Papageitaucher*** (*Fratercula arctica*) ist der kleinste südlich der Arktis brütende Alkenvogel und tritt an fast allen europäischen Küsten auf.

12

Als Vorläufer der heutigen Vögel wird der ***Archäopteryx*** angesehen, der vor etwa 150 Millionen Jahren am Ende der Juraperiode lebte. Fossile Funde bestätigten, dass er Flügel und ein Federkleid besaß. Als ***Ichthyosaurier*** oder Fischsaurier bezeichnet man urzeitliche Reptilien, die an das Leben im Wasser angepasst waren. Der Flugsaurier ***Pteranodon*** konnte mit seinen schmalen Flughäuten fliegen, glich aber eher den Fledermäusen als den Vögeln.

Frage

13

In der Urzeit waren viele Tiere größer als heute. Welches war das wohl größte Landsäugetier aller Zeiten?

- *Mammut*
- *Indricotherium*
- *Tyrannosaurus Rex*

14

Welcher einst wohl am häufigsten vorkommende Vogel der Welt wurde 1914 vom Menschen ausgerottet?

- *Wandertaube*
- *Felsentaube*
- *Hohltaube*

15

Auf Basis welcher Tierart entwickelte Charles Darwin seine Theorie von der Entstehung der Arten?

- *Riesenschildkröten*
- *Finken*
- *Meerechsen*

16

Welche Walart hat sich nach der gnadenlosen Jagd der vergangenen Jahrhunderte bis heute am besten in ihrem Bestand erholt?

- *Grauwal*
- *Blauwal*
- *Buckelwal*

Antwort

13

Das ***Indricotherium***, ein hornloser Nashornverwandter aus dem Miozän, das eine Schulterhöhe von 5,50 m und ein Gewicht von etwa 20 t erreichte, gilt als das größte Landsäugetier aller Zeiten. Das kleinere ***Mammut*** (*Mammuthus primigenius*) war das letzte riesige Säugetier, das ausstarb. Der ***Tyrannosaurus Rex*** ist zwar ebenfalls riesig gewesen, war aber ein Reptil und kein Säugetier.

14

Die nordamerikanische ***Wandertaube*** (*Ectopistes migratorius*) bildete noch bei Ankunft der ersten weißen Siedler in Nordamerika Schwärme in Millionenstärke. Durch Bejagung und das Abholzen großer Waldflächen nahm ihre Zahl jedoch rapide ab, bis 1914 das letzte Exemplar im Zoo von Cincinnati starb. Die in Süd- und Westeuropa heimische ***Felsentaube*** ist die Stammform der Haustaube und genauso wenig vom Aussterben bedroht wie die ihr ähnliche ***Hohltaube.***

15

Auf seiner Reise zu den Galapagosinseln machte Charles Darwin an ***Finkenvögeln*** interessante Beobachtungen, die ihn auf die Theorie zur Entstehung der Arten (Evolutionstheorie) brachten. ***Riesenschildkröten*** und ***Meerechsen*** kommen ebenfalls auf Galapagos vor, waren aber nicht die Auslöser für Darwins Überlegungen.

16

Der im Nordpazifik lebende ***Grauwal*** (*Eschrichtius robustus*) wurde 1937 unter Schutz gestellt. Damals gab es nur noch wenige Hundert Exemplare. Inzwischen ist die Population wieder auf etwa 26000 angestiegen. Die Bestände anderer großer Walarten wie ***Blauwal*** und ***Buckelwal*** haben sich nicht so rasch erholt, und viele Arten gelten nach wie vor als bedroht.

Tiere ... und Geschichte

Frage

17

Welcher Käfer war den alten Ägyptern heilig?

- *Rhinozeros-Käfer*
- *Mistkäfer*
- *Marienkäfer*

18

Welche Laus ist ein fiktives Tier und hat nie wirklich existiert?

- *Wolllaus*
- *Steinlaus*
- *Filzlaus*

19

Wer entdeckte 1882 den Tuberkelbazillus?

- *Alexander Fleming*
- *Paul Ehrlich*
- *Robert Koch*

20

Welche Tiere haben sich in den letzten 200 Millionen Jahren kaum verändert?

- *Nashörner*
- *Schildkröten*
- *Schnabeltiere*

Antwort

17

Der auch Mistkäfer oder Pillendreher genannte ***Skarabäus,*** ein Blatthornkäfer, der seine Eier in ***Dungkugeln*** einrollt, wurde wegen seiner geheimnisvollen Entstehung als Urwesen verehrt. Der ***Marienkäfer*** ist ein altes Glückssymbol in Europa. Er spielte in der Glaubenswelt der alten Ägypter aber keine Rolle. Der ***Rhinozeros-Käfer*** ist ebenfalls ein Mistkäfer, kommt aber nicht in Ägypten vor.

18

Die ***Steinlaus*** ist eine Erfindung des Humoristen Loriot und soll verantwortlich sein für den Einsturz von ganzen Gebäudekomplexen, was seit Jahrzehnten für Heiterkeit vor deutschen Fernsehschirmen sorgt. Die ***Wolllaus*** ist ein gefürchteter Schädling an vielen Zierpflanzen und ist eng verwandt mit der Schildlaus. Die ***Filzlaus*** tritt nicht an Pflanzen auf, sondern bei Tieren und Menschen.

19

Robert Koch (1843–1910) entdeckte den Tuberkelbazillus, erhielt 1905 den Medizin-Nobelpreis und gilt als Begründer der modernen Bakteriologie. ***Alexander Fleming*** (1881–1955) entdeckte das Penizillin und erhielt 1945 ebenfalls den Nobelpreis für Medizin. ***Paul Ehrlich*** (1854–1915) gilt als Wegbereiter der modernen Chemotherapie und erhielt 1908 (zusammen mit Ilja Metschnikow) den Medizin-Nobelpreis.

20

Die ***Schildkröten,*** von denen es weltweit 250 Arten gibt, haben sich in den letzten 200 Millionen Jahren kaum verändert. Die ältesten Fossilienfunde lassen auf eine Entstehung vor 230 Millionen Jahren schließen. Säugetiere und damit auch ***Nashörner*** gibt es erst seit 25 bis 40 Millionen Jahren. ***Schnabeltiere*** traten trotz ihres bizarren Aussehens wohl „gerade einmal" vor 15 Millionen Jahren auf.

Frage

21

Der Verhaltensforscher Konrad Lorenz wurde durch Studien an Tieren berühmt. Welche Tiere waren es?

- *Wölfe*
- *Bienen*
- *Graugänse*

22

Welcher Künstler/welche Künstlerin wurde durch seine/ihre detaillierten Zeichnungen der Tierwelt Südamerikas berühmt?

- *Albrecht Dürer*
- *Maria Sibylla Merian*
- *Hieronymus Bosch*

23

Welcher Naturforscher begleitete Kapitän James Cook 1772 bis 1775 auf seiner zweiten Reise in die Südsee?

- *Charles Darwin*
- *Georg Forster*
- *Sir Joseph Banks*

24

Welche Theorie stellte der französische Naturforscher Jean-Baptiste de Lamarck auf?

- *Vererbung erworbener Eigenschaften*
- *Abstammung des Menschen vom Affen*
- *Abstammung des Menschen von Adam und Eva*

Antwort

21

Konrad Lorenz (1903–1989) wurde mit seinen Studien zur Verhaltensforschung an ***Graugänsen*** berühmt. Das Verhalten von ***Wölfen*** studierte der Zoologe Erik Ziemen und das Verhalten von ***Bienen*** erforschte der Zoologe Karl von Frisch.

22

Es war die Naturforscherin und Zeichnerin ***Anna Maria Sibylla Merian,*** die von 1699 bis 1701 das südamerikanische Land Surinam bereiste und dabei detaillierte Zeichnungen von Tieren (und Pflanzen) anfertigte. ***Albrecht Dürer*** gilt als Begründer der deutschen Renaissancekunst. ***Hieronymus Bosch*** „erfand" bizarre Fabelwesen, unter anderem auf seinem Gemälde „Der Garten der Lüste".

23

Es war ***Georg Forster*** (1754–1794), der zusammen mit seinem Vater Johann Reinhold Forster Kapitän Cook auf seiner Reise in die Südsee begleitete, zahlreiche neue Tiere (und Pflanzen) entdeckte und beschrieb. ***Charles Darwin*** reiste auf der „Beagle" 1831 bis 1836 auf die Galapagos-Inseln, und ***Sir Joseph Banks*** begleitete James Cook auf seiner ersten Reise.

24

Von Jean-Baptiste de Lamarck (1744–1829) stammt die 1809 aufgestellte Theorie, dass bei der ***Vererbung*** alle Änderungen oder Neuerwerbungen der körperlichen Organisation ***durch Fortpflanzung an die Nachkommen vererbt werden.*** Die Theorie konnte nie bewiesen werden, bildete aber einen Grundstein der späteren Darwinschen Abstammungslehre, die ***Affen als gemeinsame Vorfahren*** heutiger Primaten und des Menschen erkannte. Dass die ***Menschen von Adam und Eva abstammen,*** wird in der Bibel erzählt.

Tiere ... und Begriffe

Frage

1

Wie nennt man die Wissenschaft, die sich mit dem Verhalten von Tieren beschäftigt?

- *Ethologie*
- *Genetik*
- *Physiologie*

2

Wie nennt man ein kastriertes männliches Rind?

- *Stier*
- *Ochse*
- *Bulle*

3

Nur einer der genannten Vögel gilt in Mitteleuropa als Zugvogel. Welcher ist es?

- *Wintergoldhähnchen*
- *Türkentaube*
- *Gartengrasmücke*

4

Bei welchem Tier handelt es sich um einen Schmetterling?

- *Lanner*
- *Kleiner Eisvogel*
- *Alpensegler*

Antwort

1

Die Verhaltensforschung oder ***(Tier-)Ethologie*** untersucht die Verhaltensformen von Lebewesen. Als ihr Hauptbegründer gilt Konrad Lorenz, der mit seinen Studien zum Verhalten der Graugänse weltberühmt wurde. Die ***Genetik*** befasst sich mit der Vererbung. Die ***Physiologie*** ist die Wissenschaft von den Lebensvorgängen in den Zellen, Geweben und Organen und den Gesetzen ihrer Verknüpfung im Gesamtorganismus.

2

Als ***Ochse*** wird das männliche Rind bezeichnet, wenn es kastriert, also durch einen operativen Eingriff seiner Zeugungsfähigkeit beraubt ist. Ein nicht kastriertes männliches Rind nennt man ***Stier*** oder ***Bulle***. Dabei spielt es keine Rolle, ob es sich um ein männliches Tier vom Hausrind oder eine Wildform, etwa Wasserbüffel, Yak, Bison oder Wisent, handelt.

3

Nur die ***Gartengrasmücke*** (*Sylvia borin*) ist in Mitteleuropa ein Zugvogel. Die erst im 20. Jahrhundert aus Vorderasien bis nach Südskandinavien eingewanderte ***Türkentaube*** (*Streptopelia decaocto*) und das zu den Laubsängern gehörende ***Wintergoldhähnchen*** (*Regulus regulus*), einer der kleinsten Vögel Europas, bleiben selbst in harten Wintern als Standvögel in unseren Breiten.

4

Der in Europa verbreitete ***Kleine Eisvogel*** (*Limenitis camilla*) ist ein Tagschmetterling aus der Familie der Edelfalter (Nymphalidae) mit markanter schwarzweißer Flügelzeichnung. Beim ***Lanner*** (*Falco biarmicus*) handelt es sich um einen vor allem in Südeuropa heimischen Falken, und der ***Alpensegler*** (*Apus melba*) ist ein mit dem Mauersegler verwandter, schwalbenähnlicher Vogel.

Frage

5

Wie nennt man das kastrierte weibliche Hausschwein?

- *Gelze*
- *Bache*
- *Kämpe*

6

Nur eines der genannten Tiere hat Hörner. Welches Tier ist es?

- *Hirschferkel*
- *Elch*
- *Wasserbüffel*

7

Welchen in Europa heimischen Vogel nennt man auch Nachtschwalbe?

- *Mauersegler*
- *Ziegenmelker*
- *Nachtigall*

8

Was ist ein Dugong?

- *ein australischer Wildhund*
- *ein madagassischer Singvogel*
- *eine Seekuh der tropischen Meere*

Antwort

5

Die richtige Bezeichnung für ein kastriertes weibliches Hausschwein ist **Gelze.** Nicht kastrierte weibliche Schweine heißen ***Bache***, Sau, Docke, Kosel oder Suz. Ein ***Kämpe*** ist ein nicht kastriertes männliches Schwein.

6

Als Hörner bezeichnet man feste, dauerhafte Strukturen, die aus derselben Substanz wie Haare oder Klauen bestehen, während ein Geweih aus Knochen besteht, jedes Jahr abgeworfen und erneuert wird. Deshalb hat nur der ***Wasserbüffel*** Hörner, nicht aber der ***Elch***. Das ***Hirschferkel***, ein kleiner westafrikanischer Wiederkäuer, der zu den Zwergböckchen gehört, besitzt weder Hörner noch ein Geweih.

7

Der ***Ziegenmelker*** (*Caprimulgus europaeus*) wird vom Volksmund auch Nachtschwalbe genannt, weil dieser nachtaktive Vogel im Flug einer großen Schwalbe ähnelt. Der ***Mauersegler*** (*Apus apus*), der ein ähnliches Verbreitungsgebiet hat, ist ein dunkel gefärbter, tagaktiver Vogel, der wegen seiner akrobatischen Flugmanöver oft mit Schwalben verwechselt wird. Die ***Nachtigall*** (*Luscinia megarhynchos*) macht besonders nachts durch ihren melodischen Gesang auf sich aufmerksam.

8

Als Dugong (*Dugong dugong*) bezeichnet man eine der zwei noch lebenden ***Seekuhgattungen.*** Die Seegras fressenden, gutmütigen Tiere aus der Ordnung Sirenia leben im flachen Wasser tropischer Meere und Flussdeltas, werden 3 m lang und wiegen zwischen 400 und 500 kg. ***Australische Wildhunde*** heißen Dingo und der ***madagassische Singvogel*** heißt Drongo.

Frage

9

Welcher der genannten Wale gehört zu den Zahnwalen?

- *Blauwal*
- *Pottwal*
- *Buckelwal*

10

Hinter welchem Namen verbirgt sich ein Tier?

- *Mangostane*
- *Mangrove*
- *Manguste*

11

Wie nennt man die Jungen von Walen?

- *Kälber*
- *Frischlinge*
- *Fohlen*

12

Wie wird die Lehre von der Abstammung der Arten unter dem Aspekt der Evolution noch genannt?

- *Kreationismus*
- *Darwinismus*
- *Behaviorismus*

Antwort

9

Als Zahnwale bezeichnet man die Wale, die ihre Nahrung mit Zähnen erbeuten. Im Gegensatz dazu seihen die Bartenwale ihre meist winzige Nahrung, etwa Garnelen und Kleinfische, mithilfe von Barten aus dem Wasser. Der ***Pottwal*** (*Physeter catodon*) besitzt ein schnabelähnliches Maul mit schmalem Unterkiefer und reduziertem Gebiss, mit dem er jedoch riesige Tintenfische erbeuten kann. ***Blauwal*** und ***Buckelwal*** sind Bartenwale.

10

Mangusten sind eine Unterfamilie der Schleichkatzen. Die relativ kleinen, schlanken Tiere leben vor allem von Insekten. Ihr Vorkommen beschränkt sich auf Afrika, Madagaskar, den Mittleren Osten, Indien und Südostasien. In Westindien wurden sie ausgesetzt und entwickelten sich dort zur Plage. ***Mangroven*** sind immergrüne Wälder an Flachwasserküsten, und die ***Mangostane*** (*Garcinia mangostana*) ist eine Pflanze der Tropen mit wohlschmeckenden Früchten.

11

Die Jungtiere von Walen, die als Meeressäuger nicht zu den Fischen gehören, nennt man ***Kälber.*** ***Frischlinge*** heißen die Jungtiere bei Wildschweinen, und als ***Fohlen*** bezeichnet man die Nachkommen von Pferden und Eseln.

12

Die Lehre von der Abstammung der Arten unter dem Aspekt der Evolution wird nach deren Entdecker Charles Darwin auch als ***Darwinismus*** und deren Anhänger als Darwinisten bezeichnet. Der ***Kreationismus*** glaubt dagegen nur an die göttliche Schöpfung, nicht an eine Entwicklung. ***Behaviorismus*** bezeichnet eine psychologische Methode der Verhaltensforschung.

Frage

13

Wie nennt man die Entwicklung der Froschlarven zu ausgewachsenen Amphibien?

- *Metabolismus*
- *Metamorphose*
- *Metagenese*

14

Was ist eine Fähe?

- *ein weibliches Reh*
- *ein weibliches Rind*
- *ein weiblicher Fuchs*

15

Was für ein Tier ist die Seemaus?

- *ein Borstenwurm*
- *ein Fisch aus dem Nordatlantik, der Kaviar produziert*
- *ein begehrter Speisefisch*

16

Welche Hunderasse wurde nach einem mexikanischen Bundesstaat benannt?

- *Labrador*
- *Chihuahua*
- *Yorkshireterrier*

Antwort

13

Die Entwicklung von ausschließlich im Wasser lebenden Froschlarven, den sogenannten Kaulquappen, zu ausgewachsenen Amphibien nennt man ***Metamorphose.*** Als ***Metagenese*** bezeichnet man den Generationswechsel, bei dem ungeschlechtliche und geschlechtliche Fortpflanzung abwechseln. ***Metabolismus*** ist ein anderes Wort für den Stoffwechsel.

14

Als Fähe bezeichnet man das ***Weibchen bei Füchsen,*** aber auch bei Dachsen, Mardern und Wölfen. Bei ***Rindern*** heißen die Weibchen je nach Alter Kuh, Färse, Kalbin, Starke oder Queene. Ein weibliches ***Reh*** wird Ricke genannt.

15

Eine Seemaus ist ein ***Borstenwurm*** (*Aphrodite aculeata*) mit grün schimmernden Borsten, der auch als Seeraupe bezeichnet wird. Seehasen (*Cyclopterus* spec.) sind ***Fische*** aus dem Nordatlantik, deren Eier als ***„falscher Kaviar"*** vermarktet werden. Ein ***begehrter Speisefisch*** ist die Seezunge (*Solea solea*).

16

Der nur 25 cm hohe ***Chihuahua,*** eine Rasse mit großen Ohren und langem Fell, wurde nach dem mexikanischen Bundesstaat Chihuahua benannt. Der fast ebenso kleine ***Yorkshireterrier*** ist eine Züchtung, die nach der britischen Grafschaft Yorkshire getauft wurde, und ***Labrador*** ist eine Halbinsel im Nordosten Nordamerikas, nach der ein beliebter Familienhund benannt wurde.

Frage

17

Was ist ein Hippocampus?

- *Flusspferd*
- *Seepferdchen*
- *Pferderennbahn*

18

Welche Tiere werden in der Wissenschaft als Chiroptera bezeichnet?

- *Zuckmückenart*
- *ausgestorbene, etwa 5 m große Wirbeltiere*
- *Flattertiere*

19

Was für ein Tier ist ein Flughahn?

- *Fisch*
- *Schmetterling*
- *Vogel*

20

Wie nennt man die Wissenschaft von den Fossilien?

- *Paläozoikum*
- *Paläontologie*
- *Paläobiologie*

Antwort

17

Hippocampus ist die wissenschaftliche Bezeichnung für die Familie der ***Seepferdchen.*** ***Flusspferde*** gehören zur Familie der Hippopotamidae. Im Englischen heißen sie Hippopotamuses, abgekürzt Hippos. Eine ***Pferderennbahn*** nennt man Hippodrom. Alle genannten Begriffe enthalten das griechische Wort für Pferd, „hippos".

18

Als Chiroptera bezeichnet man zusammenfassend die rund 1000 Arten umfassende Säugetierordnung der Handflügler, also alle Fledermäuse und Flughunde. Man nennt sie auch ***Flattertiere.*** Eine Art der ***Zuckmücken*** heißt wissenschaftlich korrekt Chironomus. Das ***ausgestorbene Wirbeltier,*** von dem man nur handartige, fünfzehige Fußspuren kennt, heißt Chirotherium.

19

Bei einem Flughahn (*Dactylopterus volitans*) handelt es sich um einen etwa 50 cm langen ***Fisch,*** der den tropischen Meeresboden bewohnt. Die Brustflossen sind flügelähnlich, was ihm den Namen gab. Ein Flughuhn ist ein ***Vogel*** aus der gleichnamigen Familie. Unter den ***Schmetterlingen*** gibt es zwar Bären, Vögel und sogar Spinner, aber keinen Flughahn.

20

Die Wissenschaft von den Fossilien heißt ***Paläontologie*** (Versteinerungskunde). Sie beschäftigt sich mit den versteinerten Überresten von vorgeschichtlichen Tieren und Pflanzen. Das ***Paläozoikum*** ist eine Ära der Erdgeschichte. Als ***Paläobiologie*** wird die Wissenschaft vom Leben der Organismen in erdgeschichtlicher Vergangenheit bezeichnet.

Frage

21

Was ist ein Kapaun?

- *Sturmvogel*
- *kastrierter Hahn*
- *Papagei mit Federschopf*

22

Was sind Wasserjungfern?

- *Schnepfenvögel*
- *Wolfsspinnen*
- *Libellen*

23

Welches Tier ist ein Seehund?

- *Seewolf*
- *Seeleopard*
- *Seekatze*

24

Was bezeichnet man als Edentata?

- *die Ordnung der Zahnarmen*
- *nur in einem beschränkten Gebiet vorkommende Arten*
- *pflanzliche Schmarotzer in Tierkörpern*

Antwort

21

Ein Kapaun oder Kapphahn ist ein **kastrierter Hahn.** Die entmannten Hühnervögel setzen im Laufe ihres kurzen Lebens mehr Fleisch an und waren daher geschätzte Leckerbissen. Heute ist das Kastrieren von Geflügel nicht mehr üblich. Ein ***Papagei mit Federschopf*** heißt Kakadu und kommt in Australien und auf den Philippinen vor. Eine ***Sturmvogelart*** nennt man auch Kaptaube.

22

Wasserjungfern sind **Libellen.** Die starrflügeligen, räuberisch lebenden Insekten sind großartige Flugkünstler und leben bevorzugt an stehenden Gewässern, da ihre Larven die Entwicklungszeit im Wasser verbringen. Als Wasserläufer bezeichnet man eine Art der ***Schnepfenvögel,*** und eine in Wassernähe oder auf dem Wasser lebende ***Wolfsspinnenart*** heißt Wasserjäger.

23

Nur der **Seeleopard** (*Hydrurga leptonyx*) ist ein Seehund. Der Bewohner antarktischer Gewässer wird bis zu 3,80 m lang und frisst hauptsächlich Pinguine und andere Wasservögel. ***Seewölfe*** (Anarhichidae) sind schleimfischartige Fische mit plumpem Kopf und großen Zähnen. Als ***Seekatze*** (Chimaeridae) bezeichnet man eine Familie der Seedrachen, die zu den Knorpelfischen zählen.

24

Edentata nennt man die Ordnung der **Zahnarmen.** Dazu zählen Arten wie Ameisenbären, Gürteltiere und Faultiere. Wörtlich übersetzt heißt „edentata" zahnlos, aber nur der Ameisenbär hat wirklich keine Zähne, die anderen Arten besitzen zumindest Ansätze von Zähnen. ***In einem beschränkten Gebiet vorkommende Arten*** nennt man Endemiten, und ***pflanzliche Schmarotzer in Tierkörpern*** (auch im menschlichen Körper) heißen Endophyten.

Frage

25

Was ist eine Krähenscharbe?

- *Kakerlakenart*
- *kleiner Rabenvogel*
- *kleiner Kormoran*

26

Wie heißt der Wolf in der Fabel?

- *Adebar*
- *Isegrimm*
- *Reinecke*

27

Was für ein Tier ist eine Klappnase?

- *Fledermaus*
- *Schlange*
- *Seehund*

28

Was bedeutet der Begriff Sexualdimorphismus?

- *von der Norm abweichendes Sexualverhalten*
- *Zweigeschlechtlichkeit eines Individuums*
- *körperlicher Unterschied zwischen den Geschlechtern*

Antwort

25

Bei der Krähenscharbe (*Phalacrocorax aristotelis*) handelt es sich um eine ***Verwandte des Kormorans.*** Der schwarze Vogel kommt an allen europäischen Küsten außer dem Ostseegebiet vor. Eine ***Kakerlakenart*** (*Blatta orientalis*) wird auch als Küchenschabe bezeichnet und ein ***kleiner Rabenvogel*** ist die Dohle (*Corvus monedula*).

26

Fabeln sind Erzählungen in Versen oder Prosa, die den Naturwesen, vor allem Tieren, Vernunft und Sprache verleihen und so Moral und Lebensklugheit anschaulich vorführen. Der Name ***Isegrimm*** ist ein altnordischer Heldenname, der zum Namen des Wolfes in der Fabel wurde. ***Adebar*** ist der Fabelname für den Storch und ***Reinecke*** nennt man den Fuchs.

27

Der Name Klappnase bezieht sich auf eine in Ägypten und Südasien lebende Familie der ***Fledermäuse*** (Rhinopomatidae) mit schnurförmigem Schwanz und einem blattartigen Wulst über den Nasenlöchern. Eine ***Seehundart*** heißt Klappmütze, Mützenrobbe oder Haubenkerl (*Cystophora cristata*), und eine für ihre Schwanzrassel bekannte ***Schlangengattung*** ist die der Klapperschlangen (*Crotalus* spec.).

28

Sexualdimorphismus nennt man den ***Unterschied zwischen männlichen und weiblichen Tieren derselben Art.*** Das kann die Größe, aber auch die Färbung oder die Ausbildung von Hörnern oder Federn betreffen. ***Zweigeschlechtliche Lebewesen*** nennt man Zwitter, und für ein ***von der Norm abweichendes Sexualverhalten*** gibt es je nach Ausprägung verschiedene Bezeichnungen, z. B. Homosexualität.

Frage

29

Was für eine Art Tier ist ein Nimmersatt?

- *Storchenvogel*
- *Raubmarder*
- *Schlangenart*

30

Wie nennt man urzeiliche, versteinerte Verwandte der Tintenfische?

- *Trilobiten*
- *Ammoniten*
- *Oktokorallier*

31

Womit beschäftigt sich ein Wissenschaftler, der Arachnologe ist?

- *mit Spinnen*
- *mit Käfern*
- *mit Schmetterlingen*

32

Was bedeutet Neotonie?

- *Neubesiedlung eines Lebensraums durch gebietsfremde Arten*
- *erwachsene Tiere, die wie Jungtiere im Larvenstadium aussehen*
- *abnorme Gewebsneubildung*

Antwort

29

Der Nimmersatt ist ein afrikanischer ***Storchenvogel*** (*Mycteria ibis*) mit rotem, nacktem Gesicht und gelbem Schnabel. Ein im Norden Europas, Amerikas und Asiens lebender ***Raubmarder*** wird Vielfraß oder Jerf (*Gulo gulo*) genannt. Eine ungiftige europäische ***Schlangenart*** heißt Schlingnatter (*Coronella austriaca*), was auf ihre Art der Nahrungsaufnahme zurückzuführen ist.

30

Ammoniten oder Ammonshörner nennt man ausgestorbene Kopffüßer, die mit den Tintenfischen und dem heute noch vorkommenden Nautilus verwandt sind. ***Trilobiten*** sind im Perm ausgestorbene Dreilappkrebse, eine Unterklasse der Gliederfüßer. ***Oktokorallier*** sind heute noch lebende Korallentiere mit achtzähligem Aufbau, die nicht mit Tintenfischen verwandt sind.

31

Ein Arachnologe beschäftigt sich mit der Wissenschaft der ***Spinnentiere.*** Zu den Spinnentieren (Arachnidae) zählen weltweit mehr als 30 000 Arten. Noch artenreicher ist das Arbeitsgebiet für denjenigen, der ***Käferkunde*** (Koleopterologie) studiert: Man schätzt, dass es etwa 350 000 Käferarten gibt. Die Wissenschaft, die sich mit ***Schmetterlingen*** befasst, heißt Lepidopterologie.

32

Neotonie ist die Bezeichnung für das Aussehen von erwachsenen ***Tieren, die wie Jungtiere im Entwicklungs- oder Larvenstadium erscheinen.*** Ein bekanntes Beispiel ist der Grottenolm (*Proteus anguinus*), der wie eine Kaulquappe Flossen und Kiemen behält. ***Gebietsfremde, eingewanderte Tierarten*** nennt man Neozoen, und eine ***abnorme Gewebsneubildung*** oder Geschwulst bezeichnet man als Neoplasma.

Tiere … und Fortpflanzung

Frage

1

Welches dieser Tiere legt keine Eier?

- *Alpensalamander*
- *Schnabeltier*
- *Krokodilwächter*

2

Bei welcher Tierart trägt das Männchen die Nachkommen aus?

- *Kaiserpinguin*
- *Zwergkänguru*
- *Seepferdchen*

3

Bei welcher Insektenart frisst das Weibchen während oder nach der Begattung das Männchen auf?

- *Wolfsspinne*
- *Gottesanbeterin*
- *Hirschkäfer*

4

Welche Tierart ist ein echter Zwitter?

- *Buntbarsch*
- *Schnecke*
- *Seepferdchen*

Antwort

1

Das Weibchen des ***Alpensalamanders*** bringt (meist zwei) lebende Jungen zur Welt. Das in Flüssen Australiens und Tasmaniens lebende ***Schnabeltier*** (*Ornithorhynchus anatinus*) ist zwar ein Säugetier, legt aber Eier. Beim ***Krokodilwächter*** (*Pluvianus aegyptius*) handelt es sich um einen afrikanischen Vogel, der wie alle Vögel Eier legt.

2

Bei ***Seepferdchen*** (*Hippocampus*) trägt das Männchen die Jungen in einer Bauchtasche aus. Beim ***Kaiserpinguin*** bebrütet allein das Männchen das einzige Ei zwischen seinen Füßen. Allerdings trägt der Vogel die Nachkommen nicht aus. Bei den zur Familie der Beuteltiere gehörenden ***Zwergkängurus*** tragen nur die Weibchen die hilflos geborenen Jungtiere über längere Zeit in einem Hautbeutel mit sich herum.

3

Bei der ***Gottesanbeterin*** (*Mantis religiosa*), einer Fangschreckenart, die südlich der Alpen und im Oberrheingebiet vorkommt, frisst das Weibchen oft während oder nach der Paarung das Männchen. Auch ***Wolfsspinnenweibchen*** vertilgen manchmal ihre Männchen nach der Paarung, sind aber keine Insekten. Beim ***Hirschkäfer*** gehen die Geschlechter nach der Paarung ihrer Wege.

4

Viele ***Schnecken*** sind echte Zwitter, da sie männliche und weibliche Geschlechtsorgane haben und sich beliebig wechselseitig befruchten können. Beim ***Seepferdchen*** ist die Rollenverteilung eindeutig: Das Weibchen erzeugt die Eier, das Männchen befruchtet sie und brütet sie aus. Bei ***Buntbarschen*** können Männchen im Laufe ihres Lebens zu Weibchen mutieren. Sie haben aber immer nur ein Geschlecht und sind deshalb keine Zwitter.

Frage

5

Welches Reptil bringt lebende Jungen zur Welt?

- *Karettschildkröte*
- *Blindschleiche*
- *Nilkrokodil*

6

Welche Schlange bringt keine lebenden Jungen zur Welt?

- *Netzpython*
- *Königsboa*
- *Anakonda*

7

Welcher Fisch laicht dort, wo er auch die meiste Zeit seines Lebens verbringt?

- *Aal*
- *Stör*
- *Wels*

8

Was bezeichnet man als Viviparie?

- *Fähigkeit, lebende Jungen zur Welt zu bringen*
- *Eigenschaft, Brutpflege zu betreiben*
- *Schlüpfen der Jungtiere unmittelbar nach der Eiablage*

Antwort

5

Die europäische ***Blindschleiche*** (*Anguis fragilis*), eine fußlose Eidechse, bringt lebende Jungen zur Welt. Alle Schildkrötenarten legen ihre Eier ohne weitere Brutpflege in selbst gegrabene Erdnester ab, so auch die im Meer lebende ***Karettschildkröte***. Auch alle ***Krokodil- und Alligatorarten*** legen Eier, die sie in Ufernähe vergraben.

6

Der ***Netzpython*** (*Python reticulatus*) bringt wie alle Pythonschlangen keine lebenden Jungen zur Welt, sondern legt Eier. Die mit den Pythons verwandten Boaschlangen, zu denen auch die ***Anakonda*** (*Eunectes murinus*) und die ***Königsboa*** (*Boa constrictor constrictor*) gehören, bringen ihre Jungen jedoch lebend zur Welt.

7

Der europäische ***Wels*** oder Waller (*Silurus glanis*) ist der größte einheimische Süßwasserfisch und laicht am Grund der großen Flüsse und Seen, in denen er lebt. Der ***Aal*** (*Anguilla anguilla*) wächst in Binnengewässern heran und zieht zum Laichen ins Meer. ***Störe*** (Acipenseridae) sind Meeresbewohner, die zum Laichen in Flüsse aufsteigen.

8

Der Begriff Viviparie bezeichnet die Form der Fortpflanzung, bei der die ***Nachkommen lebend zur Welt gebracht*** werden. Bei der Oviparie legen die Tiere Eier, die entweder von der Sonne oder durch ***Brutpflege*** ausgebrütet werden. ***Schlüpfen die Jungtiere unmittelbar nach der Eiablage***, nennt man dies Ovoviviparie.

Frage

9

Welcher an deutschen Küsten lebende Fisch bringt keine lebenden Jungen zur Welt?

- *Aalmutter*
- *Hundshai*
- *Nagelrochen*

10

Die Jungen welcher Vogelart sind keine Nestflüchter?

- *Stockente*
- *Silbermöwe*
- *Auerhuhn*

11

Welches Landwirbeltier hat die kürzeste Trächtigkeit?

- *amerikanisches Opossum*
- *Langnasen-beutler*
- *Schmalfuß-Beutelmaus*

12

Welches Tier ist der Vater eines Maulesels?

- *Esel*
- *Pferd*
- *Maulesel*

Antwort

9

Der bis nach Skandinavien verbreitete ***Nagelrochen*** (*Raja clavata*) legt seine Eikapseln, die mit hornartigen Fortsätzen bestückt sind, im Wasser ab. Der auch in der Nordsee vorkommende ***Hundshai*** (*Galeorhinus galeus*) ist, wie viele Haie, lebend gebärend. Auch die ***Aalmutter*** (*Zoarces viviparus*), ein lang gestreckter Küstenfisch in Nord- und Ostsee, bringt lebende Jungen zur Welt.

10

Nestflüchter nennt man jene Vogelküken, die kurz nach dem Schlüpfen fähig sind, selbstständig das Nest zu verlassen. Die Küken der ***Silbermöwe*** (*Larus argentatus*) bleiben jedoch so lange im Nest, bis sie flügge sind. Die Küken von ***Auerhuhn*** und ***Stockente*** erkunden oft schon Stunden nach dem Schlüpfen die Umgebung.

11

Bei vielen Beuteltieren ist die Zeit der Trächtigkeit extrem kurz, da die geborenen Jungtiere praktisch noch Föten sind und im Beutel der Mutter heranreifen. Am kürzesten ist die Trächtigkeit bei der australischen ***Östlichen Dickschwanz-Schmalfuß-Beutelmaus*** (*Sminthopsis macroura*), die ihre Jungen im Schnitt nur neuneinhalb Tage austrägt. Das amerikanische ***Opossum***, eine Beutelratte, und der ***Langnasenbeutler*** sind „immerhin“ 12 bis 13 Tage trächtig.

12

Ein Maulesel ist ein Bastard aus Pferdehengst und Eselstute. Der Vater eines Maulesels ist daher immer ein ***Pferd.*** Mauleselhengste sind unfruchtbar, weshalb eine Vermehrung von ***Mauleseln*** untereinander nicht möglich ist. Maultiere sind Bastarde aus Pferdestuten und ***Eselhengsten.*** Auch sie sind untereinander unfruchtbar, aber die Stuten bringen Fohlen von einem Pferde- oder Eselhengst zur Welt.

Frage

13

Wo bauen die Graureiher ihr Nest?

- *in Bäumen*
- *im Schilf*
- *im Uferschlamm*

14

Welches Insekt gilt als das fruchtbarste?

- *Bienen*
- *Ameisen*
- *Blattläuse*

15

Welche Fische können ihr Geschlecht bei Bedarf den Verhältnissen anpassen?

- *Anemonenfische*
- *Haie*
- *Delfine*

16

Wo entwickeln sich die Jungtiere der Schlupfwespen?

- *in der Erde*
- *im Körper anderer Insektenlarven*
- *in Pflanzen*

Antwort

13

Der in Europa heimische Graureiher (*Ardea cinerea*), früher auch als Fischreiher bezeichnet, baut seine Nester am liebsten in großen Kolonien ***in hohen Bäumen.*** Auch andere Reiher, etwa in Afrika, tun dies, weil sie so am besten vor Feinden geschützt sind. ***Im Schilf*** versteckt nisten die den Reihern ähnlichen Rallen, und ***im Uferschlamm*** seichter Brackwassergebiete bauen Flamingos ihre Nester.

14

Blattläuse gelten als die fruchtbarsten Insekten. Sie können sich nicht nur geschlechtlich durch die Paarung von Männchen und Weibchen vermehren, sondern auch durch Jungfernzeugung. Dabei bringen Weibchen etwa alle zehn Tage lebende Jungtiere zur Welt, die bereits wieder trächtig sind. Bei ***Bienen*** und ***Ameisen*** sind allein die Königinnen fähig, Nachkommen hervorzubringen.

15

Neben einigen anderen Fischarten können ***Anemonenfische*** (*Amphiprion percula*) ihr Geschlecht im Laufe ihres Lebens ändern. Das ranghöchste Männchen, das meist kleiner als die Weibchen ist, wächst beim Tod des ranghöchsten Weibchens und wird zur zukünftigen Anführerin des Schwarms. ***Haie*** behalten ihr Geschlecht von Geburt an, und ***Delfine*** sind keine Fische.

16

Die Nachkommen von Schlupfwespen (Ichneumondiae), einer über die ganze Erde verbreiteten Familie, entwickeln sich ***in Raupen, Blattwespen- und Käferlarven*** und fressen Spinneneier. Deshalb werden sie oft als Nützlinge im biologischen Pflanzenschutz eingesetzt. In ***Pflanzen*** oder in der ***Erde*** entwickeln sich die Larven anderer Insekten, im Gegensatz zu den allgemein räuberisch lebenden Wespen.

Frage

17

Welches Wirbeltier ist am längsten trächtig?

- *Alpensalamander*
- *Elefant*
- *Mensch*

18

Wo legt die Küstenseeschwalbe ihr Nest an?

- *auf steilen Felsklippen*
- *in feuchten Wiesen*
- *an sandigen Stränden*

19

Welcher Vogel legt das im Verhältnis zum Körper größte Ei der Vogelwelt?

- *der Strauß*
- *der Kiwi*
- *der Emu*

20

Wo leben die Larven von Libellen?

- *im Wasser*
- *in der Erde*
- *an Pflanzen*

Antwort

17

Die längste Trächtigkeit aller Wirbeltiere hat der ***Alpensalamander*** (*Salamandra atra*). Das Weibchen bringt nach bis zu 38 Monaten Trächtigkeit meist zwei lebende Jungen zur Welt. Der Indische ***Elefant*** ist das Säugetier mit der längsten Trächtigkeit (bis zu 22 Monate). Der ***Mensch*** liegt mit neun Monaten im Mittelfeld.

18

Die Küstenseeschwalbe (*Sterna paradisaea*) legt ihr Nest bevorzugt an ***sandigen oder kiesigen Stränden und Ufern*** an, wo die gesprenkelten Eier gut getarnt sind. Auf ***Felsklippen*** brüten Hochseevögel wie Trottellumme, Tordalk oder auch Dreizehenmöwen. In ***feuchten Wiesen*** brüten Schnepfenvögel, wie etwa der Große Brachvogel (*Numenius arquata*).

19

Das Ei des ***Kiwis*** (*Apteryx australis*) wiegt etwa 450 g und damit fast ein Viertel des Körpergewichts des erwachsenen Vogels. Damit ist es das im Verhältnis zur Körpergröße gewaltigste Ei der Vogelwelt. Das Ei eines ***Straußes*** wiegt 17,3 kg und ist das größte Vogelei eines lebenden Vogels, dicht gefolgt von dem des ***Emus,*** aber bei einem Körpergewicht von bis zu 105 kg ist das Verhältnis des Eis zum Vogel hier fast schon normal.

20

Die Larven der Libellen (Odonata), auch Teichjungfern genannt, leben in ***Gewässern.*** Dort verbringen sie je nach Art ein bis fünf Jahre als räuberisch lebende Larven, die Jagd auf Kaulquappen und andere kleine Teichbewohner machen, bis sie aus dem Wasser steigen und, an Pflanzenstängel geklammert, schlüpfen. In der ***Erde*** und an ***Pflanzen*** entwickeln sich andere Insektenlarven, etwa die vieler Schmetterlinge und Käfer.

Tiere ... und Verwandtschaft

Frage

1

Welches dieser Tiere ist kein Spinnentier?

- *Seespinne*
- *Wasserspinne*
- *Krabbenspinne*

2

Welches Tier gehört nicht zu den Insekten?

- *Wasserskorpion*
- *Assel*
- *Wasserschneider*

3

Nur einer der genannten Namen bezeichnet einen Vogel. Welcher ist es?

- *Krause Glucke*
- *Fette Henne*
- *Odinshühnchen*

4

Nur eines der genannten Tiere ist wirklich eine Maus. Welches?

- *Haselmaus*
- *Spitzmaus*
- *Waldmaus*

Antwort

1

Die ***See- oder Meerspinne*** hat einen kleinen Körper und extrem lange Beine. Sie gehört zwar, wie die Spinnen, Insekten und Tausendfüßer, zu den Gliederfüßern, ist aber eine Krabbe. Die ***Wasserspinne*** (*Argyroneta aquatica*) ist eine echte Spinne, die sich mit einem Luftvorrat in einer gesponnen Netzkuppel unter Wasser aufhalten kann. ***Krabbenspinnen*** (Thomisidae) sind kleine Spinnen ohne Fangnetz, die im Aussehen entfernt an Krabben erinnern.

2

Die ***Asseln*** (Isopoda) gehören zu den Krebstieren. Außer den Landasseln, die als Luftatmer an feuchten Orten leben, findet man Asseln vor allem im Süß- und Salzwasser bis in die Tiefsee. ***Wasserschneider*** (Gerridae) aus der Familie der Wasserläufer gehören zu den Landwanzen und damit zu den Insekten. Auch die auf dem Grund fließender oder stehender Gewässer lebenden ***Wasserskorpione*** (Nepidae) gehören zu den Insekten.

3

Nur das an den Küsten der Nordsee und des Nordmeers lebende ***Odinshühnchen*** (*Phalaropus lobatus*) ist ein Vogel, und zwar aus der Familie der Wassertreter. Die ***Krause Glucke*** (*Sparassis crispa*) ist ein guter Speisepilz, und ***Fette Henne*** nennt man im Volksmund viele Mauerpfefferarten (*Sedum* spec.) aus der Familie der Dickblattgewächse.

4

Nur die ***Waldmaus*** ist eine Maus aus der Familie der Echten Mäuse (Muridae). Die kleine ***Haselmaus*** sieht den echten Mäusen zwar ähnlich, gehört aber, wie die Siebenschläfer, zu den Bilchen oder Schlafmäusen (Gliridae). Die ***Spitzmaus*** gehört zur Familie der mäuseähnlichen Insektenfresser (Insectivora), hat keine Nagezähne und ist nicht mit den Mäusen verwandt.

Frage

5

Zu welcher Vogelfamilie gehören die südamerikanischen Kondore?

- *Greifvögel*
- *Störche*
- *Rabenvögel*

6

Zu welcher Katzenart gehört der Schwarze Panther?

- *Jaguare*
- *Leoparden*
- *Silberlöwen*

7

Welches der genannten Tiere ist kein Paarhufer?

- *Flusspferd*
- *Hirschferkel*
- *Zebra*

8

Bei welchem Säugetier handelt es sich um ein Nagetier?

- *Elefanten-Spitzmaus*
- *Erdferkel*
- *Wasserschwein*

Antwort

5

Die vor allem in den Anden verbreiteten Kondorarten weisen anatomische Merkmale und ein arttypisches Verhalten auf, sodass die früher als „Neuweltgeier" bezeichneten Vögel zu den ***Storchenvögeln*** (Ciconiidae) gezählt werden. Kondore sehen Geiern, also ***Greifvögeln,*** ähnlich und besetzen als Aasfresser eine ähnliche ökologische Nische, DNA-Vergleiche bestätigen aber ihre Verwandtschaft mit den Störchen. Mit ***Raben*** haben sie nur die Vorliebe für Aas gemein, sind aber nicht mit ihnen verwandt.

6

Als Schwarzen Panther bezeichnet man die schwarze Farbvariante des in Afrika und Asien verbreiteten ***Leoparden***. Schwärzlinge gibt es auch unter den südamerikanischen Verwandten der Leoparden, den ***Jaguaren. Silberlöwen*** oder Pumas (*Puma concolor*) haben graues, graubraunes oder gelbbraunes Fell.

7

Das in Afrika heimische ***Zebra*** oder Tigerpferd gehört zu den Unpaarhufern (Perissodactyla). ***Flusspferde*** (Hippopotamida) und das nur kaninchengroße afrikanische ***Hirschferkel*** aus der Familie der Traguliden gehören zu den Paarhufern (Artiodactyla), zu der auch Schweine, Kamele, Antilopen und Ziegen gehören.

8

Das ***Wasserschwein*** (*Hydrochoerus hydrochaeris*) ist das größte bekannte Nagetier, das bis zu 64 kg schwer werden kann. Die ***Elefanten-Spitzmäuse*** (Macroscelidae) sind nicht mit den Nagetieren verwandt und bilden eine eigene Ordnung. Ihre Nase erinnert an einen Elefantenrüssel, ihr Körperbau an den einer Maus. Die südamerikanischen ***Erdferkel*** aus der Ordnung der Tubulidentata stammen vermutlich von Huftieren ab.

Frage

9

Einer der genannten Vögel ist keine Meise. Welcher?

- *Spechtmeise*
- *Haubenmeise*
- *Tannenmeise*

10

Welches Tier ist der größte Unpaarhufer?

- *Weißes Nashorn*
- *Schwarzes Nashorn*
- *Netzgiraffe*

11

Welcher Vogel gehört nicht zu den Hühnervögeln?

- *Blässhuhn*
- *Schneehuhn*
- *Auerhuhn*

12

Welches kleine Tier gehört nicht zur Familie der Hörnchen?

- *Murmeltier*
- *Flughörnchen*
- *Spitzhörnchen*

Antwort

9

Die ***Spechtmeise*** (*Sitta europaea*), auch Kleiber genannt, ist keine Meise. Der in Mitteleuropa bis nach Vorderasien verbreitete, kurzschwänzige Singvogel nistet in Baumhöhlen und streift im Winter gern mit Meisenschwärmen in Mischwäldern, Parks und Gärten umher. ***Haubenmeise*** (*Parus cristatus*) und ***Tannenmeise*** (*Parus ater*) sind echte Meisen, die eng mit den Kohlmeisen verwandt sind.

10

Das ***Weiße Nashorn*** (*Ceratotherium simum*) wird bis zu 4 m lang und wiegt bis zu 2,3 t. Es ist deutlich größer als das ***Schwarze Nashorn*** oder Spitzmaul-Nashorn (*Diceros bicornis*) und damit der größte Unpaarhufer der Welt. Die afrikanische ***Netzgiraffe*** (*Giraffa camelopardalis*) ist zwar größer als ein Nashorn, gehört aber zu den Paarhufern (Artiodactyla).

11

Das in ganz Europa heimische ***Blässhuhn*** (*Fulica atra*) ist kein Hühner-, sondern ein Rallenvogel (Rallidae). Das ***Schneehuhn*** (*Lagopus* spec.) der nördlichen Regionen Europas kommt in mehreren Arten vor und ist, wie auch das selten gewordene ***Auerhuhn*** (*Tetrao urogallus*), ein echter Hühnervogel.

12

Die in Ostindien und Südostasien verbreiteten ***Spitzhörnchen*** sind keine Nagetiere, bilden eine eigene Ordnung (Scandentiae) und sind trotz ihres hörnchenähnlichen Aussehens nicht mit diesen verwandt. Die Familie der Echten Hörnchen (Sciuridae) ist eine artenreiche Nagetierfamilie, zu der unsere Eichhörnchen genauso gehören wie die ***Murmeltiere*** und die ***Flughörnchen.***

Tiere … und Verwandtschaft

Frage

13

Welche Tierart gehört nicht zu den Hohltieren?

- *Seeigel*
- *Koralle*
- *Qualle*

14

Welche heute noch existierenden Tiere sind die Nachkommen der Dinosaurier?

- *Krokodile*
- *Vögel*
- *Schildkröten*

15

Mit welchen Vögeln sind unsere Spechte verwandt?

- *Kleiber*
- *Tukane*
- *Wiedehopfe*

16

Mit welchem Vogel ist die Meerschnepfe verwandt?

- *Uferschnepfe*
- *Waldschnepfe*
- *keinem von beiden*

Antwort

13

Die ***Seeigel*** gehören zum Tierstamm der Stachelhäuter (Echinodermata) und nicht zu den Hohltieren. ***Quallen*** und ***Korallen*** gehören, wie auch die Seeanemonen, zum Stamm der Hohltiere (Coelenterata). Der Körper dieser mehrzelligen Wassertiere besteht aus einer äußeren und einer inneren Zellschicht, die meist durch eine zellenlose Stützlamelle verbunden sind. Dadurch entsteht eine Art Hohlraum, dem die Tiere ihren Namen verdanken.

14

Studien an Fossilien und am Körperbau der heutigen ***Vögel*** haben ergeben, dass sie die heute noch lebenden Nachkommen der Dinosaurier sind. ***Krokodile*** erinnern zwar vom Aussehen an die Riesenechsen aus der Vorzeit und können tatsächlich bis in die Zeit der Dinosaurier zurückverfolgt werden, haben aber, wie die ***Schildkröten,*** eine andere Entwicklungsgeschichte als die Dinosaurier.

15

Unsere Spechte gehören zur Ordnung Piciformes, zu der auch die farbenprächtigen südamerikanischen ***Tukane*** oder Pfefferfresser (Rhamphastidae) gehören. Der bei uns heimische ***Kleiber*** (*Sitta europaea*) verhält sich zwar ähnlich wie ein Specht, gehört aber zu den Spechtmeisen. Der ***Wiedehopf*** (*Upupa epops*), der wie Spechte auch in Höhlen brütet, ist mehr mit den Eisvögeln als mit den Spechten verwandt.

16

Mit ***keinen von beiden.*** Die Meerschnepfe gehört zur Unterordnung der Pfeifenfische (Aulostomoidei), die nach der Form ihres Maules so genannt werden und im Meer leben. Echte Schnepfen sind die ***Uferschnepfe*** (*Limosa limosa*) und die ***Waldschnepfe*** (*Scolopax rusticola*). Bei beiden handelt es sich um heimische Vögel.

Frage

17

Welcher Vogel ist ein naher Verwandter der Nachtigall?

- *Sprosser*
- *Gartengrasmücke*
- *Heckenbraunelle*

18

Mit wem sind Giraffen eng verwandt?

- *Pferden*
- *Zebras*
- *Okapis*

19

Zu welcher zoologischen Ordnung gehören Stachelschweine?

- *Nagetiere*
- *Paarhufer*
- *Insektenfresser*

20

Mit welchem Reptil sind Brückenechsen verwandt?

- *Echse*
- *Krokodil*
- *keinem von beiden*

Antwort

17

Ein Verwandter der Nachtigall (*Luscinia megarhynchos*) ist der ***Sprosser*** (*Luscinia luscinia*), der weiter östlich vorkommt. Die ***Gartengrasmücke*** (*Sylvia borin*) singt ebenfalls melodiös und hat dasselbe Verbreitungsgebiet wie die Nachtigall, ist aber nicht mit ihr verwandt, genauso wenig wie die ***Heckenbraunelle*** (*Prunella modularis*), die einen ähnlichen Lebensraum (Hecken, Garten und Parks) wie die Nachtigall hat.

18

Das ***Okapi*** (*Okapia johnstonii*), auch Kurzhals- oder Waldgiraffe genannt, ist der einzige noch lebende, enge Verwandte der Giraffe (*Giraffa camelopardalis*). ***Pferde*** und ***Zebras*** sind Unpaarhufer (Perissodactyla) und gehören einer anderen Gattung an als die Giraffe und das Okapi, die beide Paarhufer (Artiodactyla) sind.

19

Die in Südeuropa, Afrika und Südostasien heimischen Altwelt-Stachelschweine (Hystricidae) gehören wie Mäuse, Ratten und Eichhörnchen zur Ordnung der ***Nagetiere*** (Rodentia). Echte Schweine, Pekaris und Flusspferde gehören zur Gattung der ***Paarhufer*** (Artiodactyla). Die ebenfalls stacheligen Igel zählt man, wie die Spitzmäuse, zu den ***Insektenfressern*** (Insectivora).

20

Mit ***keinem von beiden.*** Die in Neuseeland in zwei Arten vorkommenden Brückenechsen sind weder Verwandte von ***Krokodilen*** noch von ***Echsen.*** Sie bilden eine eigene Gattung (Rhynocephalia), die schon vor den Dinosauriern vor 225 bis 110 Millionen Jahren auf der Erde auftauchte. Vor etwa 60 Millionen Jahren starben die meisten Vertreter dieser Gattung aus, nur auf Neuseeland haben sich zwei Arten erhalten.

Tiere … und Eigenschaften

Frage

1

Nur einer der genannten Vögel ist kein Brutvogel in Europa. Welcher ist es?

- *Rosapelikan*
- *Flamingo*
- *Ibis*

2

Welche bei uns heimische Schlange ist giftig?

- *Ringelnatter*
- *Blindschleiche*
- *Kreuzotter*

3

Welcher der genannten Vögel ist kein Singvogel?

- *Krähe*
- *Raubwürger*
- *Turmfalke*

4

Bei welcher Hirschart tragen beide Geschlechter Geweihe?

- *Elch*
- *Rentier*
- *Wasserhirsch*

Antwort

1

Der ***Ibis*** (*Threskiornis aethiopicus*) ist in Europa bisher nicht als Brutvogel aufgetreten. Selbst in Ägypten, wo er im Altertum als heiliger Vogel verehrt wurde, nistet er nicht mehr. An der französischen und spanischen Mittelmeerküste nistet der ***Flamingo*** (*Phoenicopterus ruber*) in großen Kolonien. Der ***Rosapelikan*** (*Pelecanus onocrotalus*) brütet im Donaudelta.

2

Nur die bis an den Polarkreis verbreitete ***Kreuzotter*** (*Vipera berus*) ist giftig, wenn ihr Biss auch nicht, wie oft verbreitet wird, sofort zum Tod führt. Die ***Ringelnatter*** (*Natrix natrix*) ist eine ungiftige, stets in Wassernähe lebende Schlange. Auch die ***Blindschleiche*** (*Anguis fragilis*) ist ungiftig. Sie ist in Wirklichkeit eine fußlose Eidechse und keine Schlange.

3

Der ***Turmfalke*** (*Falco tinnunculus*) ist kein Singvogel, sondern gehört zu den Greifvögeln. ***Krähen*** (*Corvus* spec.) aus der Familie der Rabenvögel haben zwar keine schönen Stimmen, gehören aber zur Unterordnung der Singvögel. Auch der ***Raubwürger*** (*Lanius excubitor*) gehört zu den Singvögeln und hat einen leisen, aber wohltönenden Gesang.

4

Nur bei ***Rentieren*** (*Rangifer tarandus*) tragen sowohl männliche als auch weibliche Tiere ein Geweih. Bei ***Elchen*** (*Alces alces*), einer in den nördlichen Regionen Europas, Asiens und Amerikas verbreiteten Hirschart, trägt nur das Männchen ein Geweih. Der ostasiatische ***Wasserhirsch*** (*Hydropotes inermis*) ist die einzige Hirschart, bei der weder männliche noch weibliche Tiere ein Geweih haben.

Frage

5

Welches ist die giftigste Spinne Südamerikas?

- *Vogelspinne*
- *Kammspinne*
- *Wespenspinne*

6

Welche der genannten Spinnen ist nicht giftig?

- *Kreuzspinne*
- *Kräuselradnetz-spinne*
- *Zitterspinne*

7

Welches Tier ist für Menschen das gefährlichste?

- *Pfeilgiftfrosch*
- *Stechmücke*
- *Vogelspinne*

8

Welcher in Europa heimische Speisefisch wird am ältesten?

- *Hecht*
- *Karpfen*
- *Aal*

Antwort

5

Die schwarz und rot gefärbte ***Kammspinne*** (*Phoneutria* spec.) ist so giftig, dass ihr Biss Menschen töten kann. Die ***Vogelspinnen*** sind zwar vom Aussehen her die unheimlichsten Spinnen Südamerikas. Dennoch ist ihr Biss in der Regel nicht tödlich. Die ***Wespenspinne*** (*Argiope bruenchii*) ist eine für Menschen harmlose, in Mittel- und Südeuropa heimische Spinnenart.

6

Die meisten Spinnen verfügen über Giftklauen. Damit injizieren sie ihrem Opfer ein Gift, das es bewegungsunfähig macht. Bei den etwa 150 Arten der ***Kräuselradnetzspinnen*** (Uloboridae) haben sich die Giftdrüsen zurückgebildet. Sie können die Beute also nur durch die Fesselung im Netz bewegungsunfähig machen. Die ***Kreuzspinne*** (*Araneus diadematus*) und ***Zitterspinnen*** (Pholcidae) haben Giftklauen.

7

Das für Menschen gefährlichste Tier ist die ***Stechmücke.*** Bestimmte Arten übertragen den Malariaerreger, der jährlich etwa zwei Millionen Menschen das Leben kostet. Der südamerikanische ***Pfeilgiftfrosch*** ist zwar das giftigste Tier, aber Menschen kommen nur selten in Kontakt mit ihm. Der Biss von ***Vogelspinnen*** ist schmerzhaft, aber in der Regel nicht tödlich.

8

Obwohl es schwer ist, das Alter bei frei lebenden Fischen überhaupt zu bestimmen, wird der ***Hecht*** zweifellos am ältesten. Man schätzt, dass gefangene ausgewachsene Exemplare ein Alter von etwa 70 Jahren hatten. Von ***Aalen*** und ***Karpfen*** nimmt man an, dass sie bis zu 50 Jahre alt werden können – wenn sie nicht vorher im Kochtopf landen.

Frage

9

Nur eines der genannten Tiere hält einen echten Winterschlaf. Welches ist es?

- *Zauneidechse*
- *Eichhörnchen*
- *Fledermaus*

10

In Japan gilt eine giftige Fischart als besondere Delikatesse. Um welche handelt es sich?

- *Steinfisch*
- *Kugelfisch*
- *Rotfeuerfisch*

11

Welcher Vogel hat zwei Zehen an jedem Fuß?

- *Kranich*
- *Storch*
- *Strauß*

12

Mit welcher Eigenschaft übertrifft der Seeotter alle anderen Tiere?

- *kann am schnellsten schwimmen*
- *kann am längsten tauchen*
- *hat das dichteste Fell*

Antwort

9

Nur ***Fledermäuse*** halten bei uns einen echten Winterschlaf, bei dem die Körpertemperatur absinkt und sich der Stoffwechsel verlangsamt. Als wechselwarme Tiere verfallen ***Zauneidechsen*** nur in eine temperaturabhängige Winterstarre. ***Eichhörnchen*** halten nur eine Winterruhe, die sie immer wieder zur Nahrungssuche unterbrechen.

10

Der ***Kugelfisch,*** auch Fugu genannt, gilt in japanischen Feinschmeckerkreisen als besondere Delikatesse. Bei nicht fachgerechter Zubereitung kann der Genuss allerdings tödlich sein, weil die Leber des Fisches ein starkes Gift enthält. Der ***Steinfisch*** aus der Familie der Drachenköpfe und der ***Rotfeuerfisch*** besitzen giftige Stacheln, werden aber in der Regel nicht verzehrt.

11

Der in der afrikanischen Steppe lebende ***Strauß*** (*Struthio camlus*) hat an jedem Fuß nur zwei Zehen. Zusammen mit seinen langen, kräftigen Beinen ermöglicht ihm diese Eigenschaft eine Laufgeschwindigkeit von bis zu 72 Stundenkilometern. Andere Vögel, darunter auch der ***Storch*** und der ***Kranich,*** besitzen an jedem Fuß vier Zehen.

12

Der in den pazifischen Küstengewässern heimische Seeotter (*Enhydra lutris*) hat das ***dichteste Fell:*** Auf einen Quadratzentimeter kommen bis zu 394 000 Haare, was sein Fell früher auch zu einer begehrten Beute von Pelzjägern machte. Der Seeotter ist zwar ein sehr wendiger und guter Schwimmer, als ***schnellster Schwimmer*** gilt aber der in tropischen Gewässern heimische Segelfisch. Am ***längsten tauchen*** kann der Pottwal, der fast zwei Stunden unter Wasser verweilen kann.

Frage

13

Wofür sind Tejus oder Schienenechsen bekannt?

- *keine Männchen*
- *sehr klebrige Haut*
- *Farbwechsel*

14

Welcher Vogel hat die größte Flügelspannweite?

- *Andenkondor*
- *Mollymauk*
- *Wanderalbatros*

15

Welches Tier wird am ältesten?

- *Riesenschildkröte*
- *Röhrenwurm*
- *Grönlandwal*

16

Welcher Vogel hat den längsten Wanderflug?

- *Küstenseeschwalbe*
- *Weißstorch*
- *Wanderfalke*

Antwort

13

Die Tejus oder Schienenechsen aus dem Südwesten der USA und Mexiko vermehren sich durch Parthenogenese, also Jungfernzeugung. Dazu brauchen sie ***keine männlichen Partner.*** Dieses in der Natur seltene, aber nicht einzigartige Phänomen tritt auch bei anderen Reptilien, Fischen und Insekten auf. Für seinen ***Farbwechsel*** bekannt ist das Chamäleon, und eine ***extrem klebrige Haut*** hat der australische Katholikenfrosch (*Notaden bennetti*).

14

Die größte Flügelspannweite aller Vögel hat mit bis zu 3,40 m der ***Wanderalbatros*** (*Diomedea exulans*). Der ***Andenkondor*** erreicht mit knapp 3,20 m Flügelspannweite nur den zweiten Platz. Der nah mit dem Wanderalbatros verwandte ***Mollymauk*** (*Diomedea melanophris*) ist mit knapp 2 m Flügelspannweite deutlich kleiner.

15

Lamellibrachia luymesi, ein ***Röhrenwurm*** der Tiefsee im Golf von Mexiko, gilt als das Tier, das am längsten lebt. Forscher haben anhand des jährlichen Wachstums errechnet, dass diese Art mindestens 250 Jahre alt werden kann. Bei ***Riesenschildkröten*** liegt die Lebenserwartung bei etwa 150 Jahren und bei ***Grönlandwalen*** immerhin noch bei 100 Jahren und mehr.

16

Die ***Küstenseeschwalbe*** (*Sterna paradisaea*) fliegt jedes Jahr zwischen dem Brutplatz in Nordeuropa und dem Winterquartier auf der Südhalbkugel etwa 30000 km hin und zurück. Der ***Weißstorch*** zieht auf zwei verschiedenen Routen nur bis nach Nordafrika. Der ***Wanderfalke*** ist in Mitteleuropa kein Zugvogel. Die Exemplare aus Nordosteuropa ziehen im Winter nur bis ins südlichere Europa und den Nahen Osten.

Tiere … und Eigenschaften

Frage

17

Welches Säugetier gilt als ausdauerndster Läufer?

- *Gabelbock*
- *Gepard*
- *Steppenwolf*

18

Welche Tiere haben den besten Geruchssinn?

- *Welse*
- *Hunde*
- *Motten*

19

Welche Tiere haben den kompliziertesten Gesang?

- *Nachtigallen*
- *Buckelwale*
- *Grillen*

20

Welches ist der schnellste Schwimmer im Meer?

- *Marlin*
- *Barrakuda*
- *Segelfisch*

Antwort

17

Der im westlichen Nordamerika heimische ***Gabelbock*** (*Antilocapra americana*) läuft nicht nur sehr schnell, sondern auch ausdauernd. Über eine Strecke von 1,6 km hielt er eine Geschwindigkeit von 67 Stundenkilometer. Schneller und ausdauernder war vermutlich nur der prähistorische ***Steppenwolf,*** der Jagd auf die Gabelböcke machte, aber ausgestorben ist. ***Geparden*** gelten als die schnellsten Landtiere, sind aber keine Langstreckenläufer.

18

Den besten Geruchssinn im Tierreich haben wohl die ***Motten.*** Bei der in Nordamerika heimischen Polyphemus-Motte (*Antheraea polyphemus*) kann das Männchen aufgrund eines einzigen Duftmoleküls ein Weibchen orten. ***Welse*** können erstaunlicherweise fast genauso gut riechen. Sie nehmen einen Stoff in einer Verdünnung von 1 : 10 Milliarden wahr. ***Hunde*** sind zwar für ihren guten Geruchssinn bekannt, aber bei weitem nicht die Weltmeister im Erschnüffeln von Duftstoffen.

19

Der Gesang der ***Buckelwale*** (*Megaptera novaeangliae*) ist der wohl komplizierteste im ganzen Tierreich. Jedes einzelne Lied kann mehr als eine halbe Stunde dauern und besteht aus mehreren Phrasen. ***Nachtigallen*** haben einen Gesang, der laut, strophenreich und melodiös ist. Die ***Grille*** erzeugt durch Aneinanderreiben ihrer Flügeldecken Töne, singt aber nicht.

20

Man schätzt, dass der ***Segelfisch*** (*Istiophorus platypterus*) mit bis zu 109 Stundekilometern am schnellsten schwimmen kann. Der große Raubfisch kommt in allen warmen Meeren vor. Fast genauso schnell sind die ebenfalls in warmen Meeren heimischen ***Marline*** und ***Barrakudas.***

Frage

21

Welches Tier kann in der tiefsten Tiefsee überleben?

- *Flohkrebs*
- *Kalmar*
- *Anglerfisch*

22

Für welche Fähigkeit ist der Grauwal bekannt?

- *Gesang*
- *jährliche Wanderungen*
- *tiefe Tauchgänge*

23

Was sammeln Bienen?

- *Honig*
- *Nektar*
- *Pollen*

24

Welcher Vogel wird vom Menschen zur Fischjagd abgerichtet?

- *Falke*
- *Fischadler*
- *Kormoran*

Antwort

21

Am tiefsten Punkt der Meere, dem 11 km tiefen Marianengraben im Pazifik, fanden die Forscher nur noch ein Tier lebend vor. Dabei handelte es sich um den ***Flohkrebs*** (*Hirondellea gigas*). Aber auch andere Tiere haben Strategien entwickelt, um sich mit den extremen Bedingungen in der Tiefsee zu arrangieren. ***Anglerfische*** und ***Kalmare*** kommen in mehreren Tausend Metern Tiefe vor.

22

Der Grauwal (*Eschrichtius robustus*) ist für seine alljährlich stattfindenden ***Wanderungen*** entlang der amerikanischen Westküste bekannt. Im Sommer leben die Grauwale westlich und nördlich von Alaska und im Winter vor der mexikanischen Küste, wo sie ihre Jungen zur Welt bringen. Für den ***Gesang*** sind die Buckelwale berühmt und die Pottwale für ihre besonders tiefen ***Tauchgänge.***

23

Bienen sammeln beim Besuch der Blüten ***Nektar,*** um ihn dann als Futter für die Brut in ihren Stock zu tragen. Erst durch die Verarbeitung der Bienen im Stock wird aus dem Nektar ***Honig. Pollen*** sind die männlichen Sporen der Samenpflanzen und werden – als Nebeneffekt des Nektarsammelns – von den Bienen auf die weibliche Narbe der Blüte übertragen, die auf diese Weise befruchtet wird.

24

Der ***Kormoran*** (*Phalacrocorax carbo*) ist nicht nur ein wichtiger Guanoproduzent, sondern wird seit langer Zeit schon für die Fischjagd abgerichtet. Der wendige, kluge Vogel kann gut fliegen und hervorragend tauchen. Die Jagd mit ***Falken*** ist eine uralte Technik, die sich aber auf Landtiere und Kleinvögel beschränkt. ***Fischadler*** jagen zwar Fische, aber sie verzehren sie selbst oder füttern ihre Jungen damit.

Tiere … und Eigenschaften

Frage

25

Welches Wirbeltier hat als einziges mehr als sieben Halswirbel?

- *Dreizehenfaultier*
- *Giraffe*
- *Kamel*

26

Was können männliche Glühwürmchen, aber nicht die weiblichen?

- *leuchten*
- *fliegen*
- *singen*

27

Wie viele Beine hat die Languste?

- *sechs*
- *acht*
- *zehn*

28

Welcher Vogel gilt als der schnellste der Welt?

- *Wanderfalke*
- *Wanderalbatros*
- *Zimtkolibri*

Antwort

25

Das in den Wäldern Mittel- und Südamerikas heimische ***Dreizehenfaultier*** (*Bradypus tridactylus*) hat mehr als sieben Halswirbel. Die ***Giraffe*** hat trotz der ungewöhnlichen Länge ihres Halses wie die meisten anderen Säugetiere sieben Halswirbel; so ist es auch beim ***Kamel.*** Eine Ausnahme bilden die Manatis (Seekühe), die nur sechs Halswirbel haben.

26

Bei Glühwürmchen (Lampyridae) oder Johanniswürmchen, von denen es drei Arten in Mitteleuropa gibt, können nur die Männchen ***fliegen.*** Die flugunfähigen Weibchen und Larven bleiben am Boden sitzen, ***leuchten*** aber ebenfalls. ***Singen*** können weder Männchen noch Weibchen.

27

Die in an Felsenküsten des Atlantiks und des Mittelmeers lebende Languste (*Palinurus vulgaris*), die auch als Panzerkrebs bezeichnet wird, hat ***zehn*** Beine. Insekten, also Käfer, Fliegen, Mücken, Ameisen und andere haben ***sechs*** Beine. Spinnentiere, die nicht zu den Insekten gehören, haben ***acht*** Beine.

28

Der ***Wanderfalke*** (*Falco peregrinus*) ist ein wahrer Meisterflieger und erreicht im Sturzflug eine Geschwindigkeit von mehr als 300 Stundenkilometern. Bei einem Exemplar wurden sogar 322 Stundenkilometer nachgewiesen. Der ***Wanderalbatros*** ist ein ausdauernder Langstreckenflieger, aber nicht außergewöhnlich schnell. Der ***Zimtkolibri*** kann im Verhältnis zu seiner Körpergröße die längsten Flüge absolvieren.

Frage

29

Wie viele Höcker hat ein Dromedar?

- *keinen*
- *zwei*
- *einen*

30

Was können Kolibris?

- *schwimmen*
- *rückwärts fliegen*
- *sich im Flug paaren*

31

Was können weibliche Mücken, männliche aber nicht?

- *stechen*
- *summen*
- *fliegen*

32

Wo halten viele Tiere einen Sommerschlaf?

- *auf der Südhalbkugel*
- *in Trockengebieten Afrikas*
- *im tropischen Regenwald*

Antwort

29

Ein Dromedar oder einhöckeriges Kamel (*Camelus dromedarius*) hat ***einen*** Höcker auf dem Rücken. Das Kamel oder Trampeltier (*Camelus ferus*) hat ***zwei*** Höcker. Die höckerlosen Kamele, auch Neuweltkamele, der Gattung Lama sind südamerikanische Verwandte der Höckerkamele und haben ***keine*** Höcker auf dem Rücken.

30

Kolibris, die kleinsten Vögel der Erde, sind wahre Flugakrobaten. Sie können nicht nur in der Luft stehen, um Nektar zu saugen, sondern sogar ***rückwärts fliegen.*** ***Schwimmen*** können sie allerdings nicht. Bei der Paarung lassen sie sich lieber auf Zweigen nieder. Den Mauerseglern sagt man allerdings nach, dass sie sich ***in der Luft paaren.***

31

Weibliche Mücken können ***stechen.*** Sie müssen vor dem Ablegen ihrer Eier eine Blutmahlzeit haben. Männliche Mücken brauchen diese Eiweißquelle nicht. Das ***Summen*** ist ein Fluggeräusch, das beide Geschlechter verursachen. Flugunfähig sind die Weibchen mancher Spannerarten, die Männchen derselben Gattung können aber ***fliegen.***

32

In den ***Trockengebieten Afrikas*** überstehen manche Tiere die wasserarme Zeit durch Sommerschlaf. ***Im tropischen Regenwald*** gibt es praktisch keine Jahreszeiten und damit keinen Grund für einen Sommerschlaf. Auf der ***Südhalbkugel*** ist dann Winter, wenn auf der Nordhalbkugel Sommer ist. Dennoch gibt es keinen Grund, weshalb die Tiere auf der Südhalbkugel im Sommer schlafen sollten, denn als Sommer bezeichnet man auch dort die warme Jahreszeit.

Tiere ... und Eigenschaften

Frage

33

Was ist beim Afrikanischen Elefanten größer als beim Indischen Elefanten?

- *Rüssel*
- *Ohren*
- *Gedächtnis*

34

Welchen zappelnden Köder werfen Eidechsen ihren Feinden zur Ablenkung vor?

- *kleine Fliegen oder andere kleine Beutetiere*
- *ihre Jungen*
- *ihren Schwanz*

35

Wie greift die Ringhalskobra ihre Opfer an?

- *Beißen*
- *Würgen*
- *Anspritzen*

36

Welches Tier liefert den Grundstoff für den Moschusduft, der in Parfüms verwendet wird?

- *Moschusochse*
- *Moschusbock*
- *Moschushirsch*

Antwort

33

Beim Afrikanischen Elefanten (*Loxodonta africana*) sind die ***Ohren*** größer als beim Indischen Elefanten (*Elephas maximus*). Die Größe bzw. Länge des ***Rüssels*** ist individuell von der Größe des Tieres abhängig. Auch das gute ***Gedächtnis,*** das man den Elefanten nachsagt, hängt allein von der Persönlichkeit jedes einzelnen Elefanten ab.

34

Eidechsen (und auch Blindschleichen, die im Grunde Eidechsen ohne Beine sind) werfen in höchster Not ihren Feinden den eigenen ***Schwanz*** als Ablenkung vor. Das abgestoßene Glied zuckt auch noch Minuten nach dem Abwerfen. Da Eidechsen keine Brutpflege betreiben, haben sie meist keinen Kontakt mehr zu ihren ***Jungen,*** und ***erbeutete Fliegen*** fressen sie lieber selbst.

35

Die in Süd- und Südostafrika heimische Ringhalskobra (*Hemachatus haemachatus*) kann aus ihren Fangzähnen ***Gift in die Augen ihrer Opfer spritzen.*** Das kann die Opfer erblinden lassen, sodass die Schlange entweder Zeit hat zu entkommen oder, wenn das Opfer Beute ist, sich gefahrlos annähern kann. Viele andere Schlangen können sich nur durch ihren ***Giftbiss*** verteidigen, und Würgeschlangen bringen ihre Opfer ***durch Würgen*** mit reiner Muskelkraft um.

36

Das Moschustier (*Moschus moschiferus*), ein asiatischer ***Moschushirsch,*** liefert den Grundstoff für den Moschusduft. Es besitzt Duftdrüsen, die ein stark riechendes Sekret produzieren. Der ***Moschusochse*** (*Ovibos moschatus*), ein Bewohner der arktischen Regionen, liefert Wolle, aber keinen Duftstoff. Der ***Moschusbock*** (*Aromia moschata*) ist ein grünlich brauner Käfer, der an Weidenbäumen lebt.

Frage

1

Welches ist der größte Fisch auf der Welt?

- *Blauwal*
- *Walhai*
- *Riesenhai*

2

Welcher der europäischen Greifvögel hat die größte Flügelspannweite?

- *Steinadler*
- *Kaiseradler*
- *Seeadler*

3

Welche Hunderasse ist die größte?

- *Pyrenäen-berghund*
- *Deutsche Dogge*
- *Irischer Wolfshund*

4

Für die jüdische Religion gelten strenge Speisegesetze. Welche Fische gelten als nichtkoscher und dürfen deshalb nicht verzehrt werden?

- *Süßwasserfische*
- *Salzwasserfische*
- *Fische ohne Schuppen*

Antwort

1

Am größten ist der in tropischen Meeren verbreitete, bis 18 m lange, Plankton fressende ***Walhai*** (*Rhincodon typus*). Der ***Riesenhai*** (*Cetorhinus maximus*) wird bis zu 14 m lang und gilt als der zweitgrößte Fisch. Auch er ernährt sich von Plankton und Kleinfischen. Der ***Blauwal*** (*Balaenoptera musculus*) ist mit über 30 m Körperlänge zwar das größte Lebewesen auf Erden, ist aber ein Säugetier.

2

Der ***Seeadler*** (*Haliaeetus albicilla*) hat mit bis zu 2,34 m die größte Flügelspannweite aller europäischen Greifvögel. An zweiter Stelle folgt der ***Steinadler*** (*Aquila chrysaetos*) mit einer Flügelspannweite von bis zu 2,30 m und an dritter Stelle der ***Kaiseradler*** (*Aquila heliaca*) mit bis zu 1,85 m Flügelspannweite.

3

Der ***Irische Wolfshund*** ist die größte Hunderasse der Welt, erreicht eine Höhe von bis zu 90 cm und ein Gewicht von 40 bis 55 kg. Fast genauso groß ist die ***Deutsche Dogge,*** die deutlich schwerer ist und mit stolzen 90 kg zu den Schwergewichten unter den Hunderassen zählt. Der ***Pyrenäenberghund*** wird bis zu 80 cm groß und bringt bis zu 60 kg auf die Waage.

4

Alle ***Fische ohne Schuppen*** gelten als nicht koscher (rein). Dazu zählen sowohl ***Süß***- als auch ***Salzwasserfische.*** Neben anderen Arten haben Welse, Haie, Aale und Tintenfische keine Schuppen und dürfen demnach von gläubigen Juden nicht verzehrt werden. Auch alle als Meeresfrüchte bezeichneten Tiere wie Krebse, Krabben, Hummer, Muscheln und Seeigel sind für gläubige Juden tabu, ebenso echter Kaviar, weil er vom – ebenfalls schuppenlosen – Stör stammt.

Frage

5

Wofür ist die Türkisch-Van-Katze bekannt?

- *weiches, langhaariges Fell*
- *Stummelschwanz*
- *mangelnde Wasserscheu*

6

Welches Insekt kann am höchsten springen?

- *Schaumzikade*
- *Katzenfloh*
- *Heuschrecke*

7

Welches Tier führt die internationale Naturschutzorganisation World Wildlife Fund (WWF) in ihrem Wappen?

- *Weißkopf-Seeadler*
- *Großer Panda*
- *Kiwi*

8

Welches Landtier gilt als das schnellste auf Erden?

- *Strauß*
- *Gepard*
- *Thomson-Gazelle*

Antwort

5

Die als Rassekatze registrierte Türkisch-Van-Katze stammt aus der Region um den Van-See und ist dafür bekannt, dass sie **gern ins Wasser geht.** Für ihren ***Stummelschwanz*** bekannt ist die Manx-Katze, die vor allem auf der britischen Isle of Man vorkommt. Für ***langes, weiches Fell*** sind verschiedene Katzenrassen bekannt, vor allem aber die nach der türkischen Hauptstadt Ankara (frühere Schreibweise: Angora) benannte Angorakatze.

6

Am höchsten springt eine **Schaumzikade.** Sie schafft es, aus dem Stand 70 cm hoch zu springen. Viele Insekten können zwar nicht ganz so hoch, aber ziemlich weit springen, so etwa einige ***Heuschreckenarten,*** die dabei durch ihre Flügel unterstützt werden. Ein ***Katzenfloh*** bringt es beim Hochsprung „nur" auf 24 cm. Bedenkt man aber die geringe Körpergröße all dieser Tiere, ist auch das eine beeindruckende Leistung.

7

Der 1961 gegründete WWF hat den vom Aussterben bedrohten Bambusbären oder **Großen Panda** (*Ailuropoda melanoleuca*) mit seinem markant schwarz-weiß gefärbten Fell als Wappentier gewählt. Der ***Weißkopf-Seeadler*** ist das Wappentier der USA. Der ***Kiwi,*** ein kleiner, flugunfähiger Straußenvogel, ist das Wappentier Neuseelands.

8

Der **Gepard**, eine in Afrika heimische Raubkatze, gilt als schnellstes Landtier der Welt. Messungen ergaben eine Spitzengeschwindigkeit von 95 Stundenkilometern. Allerdings ist der Gepard ein wenig ausdauernder Läufer. Wäre die ***Thomson-Gazelle*** schneller als der Gepard, würde sie nicht zu seinen Beutetieren zählen. ***Strauße*** sind zwar schnelle Läufer, aber nicht so schnell wie Geparden.

Frage

9

Welche Fledermausart gilt als die größte?

- *Schweinsnasen-Fledermaus*
- *Kalong-Flughund*
- *Große Hufeisennase*

10

Welcher Name bezeichnet ein Tier?

- *Kamm-Koralle*
- *Steife Koralle*
- *Stein-Koralle*

11

Welches Säugetier gilt als das größte lebende Landraubtier der Erde?

- *Sibirischer Tiger*
- *Eisbär*
- *Afrikanischer Elefant*

12

Aus welchem Meerestier gewinnt man Lebertran?

- *Dorsch*
- *Pottwal*
- *Walross*

Antwort

9

Am größten ist der ***Kalong-Flughund*** (*Pteropus vampyrus*), der eine Flügelspannweite von 2 m erreicht und 1,2 kg schwer wird. Die ***Schweinsnasen-Fledermaus*** (*Craseonycteris thonglongyai*) ist die kleinste Fledermausart. Sie wiegt maximal 2 g und hat eine Flügelspannweite von 15 cm. Die ***Große Hufeisennase*** (*Rhinolopus ferrum-equinum*) ist eine mittelgroße, europäische Fledermausart.

10

Die ***Stein-Koralle*** gehört zu den Korallentieren (Anthozoa). Diese Hohltiere sitzen fest am Untergrund, nur ihre Larven schweben als Polypen frei im Wasser herum. Korallenriffe setzen sich aus den Kalkskeletten unzähliger winziger Einzeltiere zusammen. Die ***Kamm-Koralle*** (*Clavulina cristata*) und die ***Steife Koralle*** (*Ramaria stricta*) gehören zu den Ständerpilzen (Basidiomycetes).

11

Der ***Eis- oder Polarbär*** (*Ursus maritimus*) gilt als das größte Landraubtier der Erde. Der in Asien heimische ***Sibirische Tiger*** (*Panthera tigris altaica*) ist mit bis zu 300 kg Gewicht und einer Körperlänge von 3 m die größte Raubkatze der Erde. Der ***Afrikanische Elefant*** (*Loxodonta africana*) ist zwar das größte Landsäugetier der Erde, aber kein Raubtier. Er ernährt sich ausschließlich von pflanzlicher Kost.

12

Der früher für Kinder als kräftigend bezeichnete Lebertran ist ein klares, fischartig riechendes Öl, das aus den fettreichen Lebern einiger Fischarten gewonnen wird. Besonders häufig sind dies ***Dorsch*** (Kabeljau), Heilbutt und auch einige Haiarten. ***Wale*** und ***Walrosse*** haben zwar eine dicke Fettschicht unter der Haut, die sie vor Kälte schützt, aber Lebertran wird nicht aus ihnen gewonnen.

Tiere ... und mehr

Frage

13

Welches Säugetier gilt als das kleinste der Erde?

- *Etrusker-Spitzmaus*
- *Zwerg-Springmaus*
- *Mauswiesel*

14

Welches ist die größte Pinguinart?

- *Adelie-Pinguin*
- *Kaiserpinguin*
- *Königspinguin*

15

Wie heißt der kleinste Kolibri?

- *Bienenelfe*
- *Bienenfreund*
- *Bienenfresser*

16

Zu welcher Hundeart gehörte der Hund, der im Film Lassie darstellte?

- *Schottischer Schäferhund*
- *Deutscher Schäferhund*
- *Bernhardiner*

Antwort

13

Die zu den Insektenfressern (Insectivora) gehörende ***Etrusker-Spitzmaus*** (*Suncus etruscus*) ist mit einer Kopf-Rumpflänge von maximal 47 mm das kleinste Säugetier der Erde. Die ***Zwerg-Springmaus*** (*Salpingotulus michaelis*) gilt als das kleinste Nagetier der Erde. Das ***Mauswiesel*** (*Mustela nivalis*) ist der kleinste Vertreter aus der Ordnung der Karnivoren (Fleischfresser).

14

Der ***Kaiserpinguin*** (*Aptenodytes forsteri*) ist mit einer Länge von 115 cm und einem Gewicht von bis zu 46 kg der größte Pinguin. Der ***Adelie-Pinguin*** (*Pygoscelis adeliae*) ist etwas kleiner, bildet aber zahlenmäßig die größte Pinguinpopulation der Erde. Der ***Königspinguin*** (*Aptenodytes patagonicus*) wird nur etwa 20 kg schwer.

15

Der kleinste Kolibri heißt ***Bienenelfe*** (*Mellisuga helenae*), ist 6,4 cm lang und wiegt 2,5 g. Der ***Bienenfresser*** (*Merops apiaster*) ist ein farbenprächtiger, etwa 28 cm großer, in Südeuropa und am Oberrheingraben vorkommender Vogel. Als ***Bienenfreund*** bezeichnet man volkstümlich die Pflanze, die auch unter dem Namen Büschelschön (Phacelia) bekannt ist. Sie wird zur Gründüngung und als Bienenweide angepflanzt.

16

Lassie wurde im Film von einem ***Schottischen Schäferhund*** dargestellt. Man nennt diese Rasse auch Collie. ***Deutsche Schäferhunde*** stellten verschiedene Filmhunde dar, unter anderem den Polizeihund Rex in der österreichischen Fernsehserie „Kommissar Rex". Ein ***Bernhardiner*** spielte die tierische Hauptrolle in dem US-Film „Ein Hund namens Beethoven".

Frage

17

Welche Schlange ist die größte und schwerste der Erde?

- *Königsboa*
- *Netzpython*
- *Anakonda*

18

Welches ist die größte einheimische Eule Europas?

- *Schleiereule*
- *Uhu*
- *Schnee-Eule*

19

Welches ist der kleinste Paarhufer der Welt?

- *Kleinkantschil*
- *Zwergflusspferd*
- *Klippspringer*

20

Unter den Papageien der Welt gibt es eine Art, die nicht fliegen kann. Welche ist es?

- *Kea*
- *Kakapo*
- *Kakadu*

Antwort

17

Die im Amazonas- und Orinokogebiet vorkommende ***Anakonda*** (*Eunectes murinus*) ist die größte und schwerste Schlange der Welt: Sie wird mehr als 10 m lang und bis zu 250 kg schwer. Der in Indochina, Indonesien und den Philippinen heimische ***Netzpython*** (*Python reticulatus*) wird zwar auch bis zu 10 m lang, ist aber relativ schlank. Die südamerikanische ***Königsboa*** (*Boa constrictor constrictor*) wird nur etwa halb so lang wie der Python.

18

Der fast auerhahngroße ***Uhu*** (*Bubo bubo*) ist mit einer Körperlänge von bis zu 71 cm die größte Eule Europas. Etwas kleiner ist die in Skandinavien, Schottland und auf Island vorkommende ***Schnee-Eule*** (*Nyctea scandiaca*), die eine Körperlänge von maximal 66 cm erreicht. Die ***Schleiereule*** (*Tyto alba*) wird mit etwa 34 cm nur etwa halb so groß wie der Uhu.

19

Der kleinste Paarhufer der Welt ist der ***Kleinkantschil*** (*Tragulus javanicus*), ein asiatischer Vertreter der Zwergböckchen. Er wird nur maximal 48 cm lang und wiegt höchstens 2,6 kg. Das ***Zwergflusspferd*** wiegt zwar nur ein Zehntel eines „echten" Flusspferds, aber immerhin noch 230 kg. Der ***Klippspringe***r ist eine afrikanische Zwergantilope, aber deutlich größer als der Kleinkantschil.

20

Der nachtaktive, neuseeländische ***Kakapo*** oder Eulenpapagei (*Strigops habroptilus*) kann nicht fliegen, weil ihm der Kiel am Brustbein fehlt, an dem die Flugmuskeln bei anderen Vögeln ansetzen. Der ***Kea*** oder Nestorpapagei aus dem Hochland der Südinsel Neuseelands kann fliegen; ebenso ist der in Australien heimische ***Kakadu*** ein gewandter Flieger.

Frage

21

Welches ist der kleinste Primat der Welt?

- *Roter Zwergmaki*
- *Fingertier*
- *Zwergschimpanse*

22

Welche Papageienart gilt als die größte?

- *Blauscheitel-Spechtpapagei*
- *Hyazinth-Ara*
- *Arakakadu*

23

Nur eines der drei genannten Tiere ist ein Käfer. Welches Tier ist es?

- *Lilienhähnchen*
- *Odinshühnchen*
- *Roter Knurrhahn*

24

Welches Tier bezeichnet man als Alpenbock?

- *Käfer*
- *Bergziege*
- *Zecke*

Antwort

21

Zu den Primaten zählen außer den Menschenaffen auch Lemuren und andere Affen. Der kleinste Primat ist der ***Rote Zwergmaki*** (*Microcebus rufus*), ein Lemur aus Madagaskar, der (ohne Schwanz) knapp 10 cm lang wird und etwa 55 g wiegt. Das ***Fingertier,*** ebenfalls ein Lemur, wird (ohne Schwanz) bis 80 cm lang, und der ***Zwergschimpanse*** oder Bonobo ist nur etwas kleiner als der normale Schimpanse.

22

Der ***Hyazinth-Ara*** (*Anodorhynchus hyacinthinus*) ist mit 1 m Körperlänge der größte Papagei der Erde. Der ***Blauscheitel-Spechtpapagei*** (*Micropsitta pusio*) ist mit knapp 8,5 cm Körperlänge und einem Gewicht von maximal 15 g der kleinste Papagei weltweit. Der ***Arakakadu*** mit immerhin 77 cm Körperlänge ist zwar nicht der größte Papagei, aber immer noch ein imposanter Vogel.

23

Das ***Lilienhähnchen*** (*Lilioceris lilii*) ist ein kleiner Käfer mit lackglänzenden, leuchtend roten Flügeldecken, der im Frühsommer Lilienpflanzen besiedelt und bei Gärtnern gefürchtet ist. Das **Odinshühnchen** (*Phalaropus lobatus*) ist ein an den Küsten der Nordmeere anzutreffender kleiner Vogel und der **Rote Knurrhahn** (*Trigla lucerna*) ein geschätzter Speisefisch aus dem Nordostatlantik.

24

Der Alpenbock ist ein blau und schwarz gefärbter, prachtvoller ***Käfer*** aus der artenreichen Familie der Bockkäfer (Cerambycidae), dessen Larven sich im Holz von Buchen entwickeln. Der Steinbock ist eine wilde ***Ziegenart,*** die in den europäischen Alpen anzutreffen ist. ***Zecken*** werden im Volksmund auch als Holzbock bezeichnet und gehören zu den Spinnentieren.

Frage

25

In dem US-Spielfilm „Free Willy" spielte ein Wal die Hauptrolle. Um welche Walart handelte es sich bei dem Tier?

- *Pottwal*
- *Schwertwal*
- *Delfin*

26

Die europäischen Bienenvölker werden in den letzten Jahren von einem gefährlichen Parasiten bedroht. Von welchem?

- *Milbe*
- *Schmetterlingsraupe*
- *Bakterium*

27

Wofür wurde der Hund Laika berühmt?

- *Rolle als Fernsehhund*
- *erster Hund im Weltall*
- *Lieblingshund von US-Präsident Bill Clinton*

28

Wer war die berühmte Hamburgerin Antje?

- *Frau des Tierparkgründers Hagenbeck*
- *Walross*
- *Elefant*

Antwort

25

Bei dem Hauptdarsteller des Films „Free Willy" handelte es sich um einen ***Schwertwal,*** auch Orca oder Killerwal genannt. Der Schwertwal sollte nach den Dreharbeiten ausgewildert werden, was aber fehlschlug. Er starb später in der Obhut seiner Pfleger. Ein ***Pottwal*** spielte in dem Film „Moby Dick" und ein ***Delfin*** in der Fernsehserie „Flipper" die tierische Hauptrolle.

25

Eine große Gefahr für die Bienenvölker Europas ist seit einigen Jahren die ***Varroa-Milbe,*** die Anfang der 1980er-Jahre aus Asien eingeschleppt wurde. Der einheimische Totenkopfschwärmer, eine ***Schmetterlingsraupe,*** parasitiert zwar auch in Bienenstöcken, ist aber weit weniger bedrohlich. Ein aus Amerika eingeschlepptes ***Bakterium,*** das die sogenannte Faulbrut hervorruft, ist im Gegensatz zur Varroa-Milbe eine leichter zu bekämpfende Seuche.

27

Laika war der ***erste Hund***, der von der Sowjetunion zu Versuchszwecken ins ***Weltall*** geschickt wurde. Der ***Fernsehhund*** Lassie wurde im Laufe der Serie von einer Vielzahl gleich aussehender Hunde gespielt. Der ***US-Präsident Bill Clinton*** hatte eine Lieblingskatze, die Socks genannt wurde.

28

Antje war ein (übrigens männliches) ***Walross,*** das 2003 im Hamburger Tierpark starb und zu Lebzeiten der Publikumsliebling und das Maskottchen des Norddeutschen Rundfunks war. Eine ***Elefantendame*** war Tuffi, die in den 1950er-Jahren durch einen Sprung aus der Wuppertaler Schwebebahn berühmt wurde. Die ***Frau von Carl Hagenbeck*** hieß Amanda.

Tiere ... und mehr

Frage

29

Welche Einstellung hatte Napoleon gegenüber Katzen?

- *liebte Katzen*
- *fürchtete sich vor Katzen*
- *züchtete Katzen*

30

Wie nennt man den geheimnisvollen „Schneemenschen"?

- *Nessie*
- *Bigfoot*
- *Yeti*

31

Wodurch sterben weltweit die meisten Menschen?

- *Bienenstiche*
- *Schlangenbisse*
- *Haiattacken*

32

Wie nannte der Meeresforscher Jean-Jacques Cousteau sein Forschungsschiff?

- *Calamus*
- *Calypso*
- *Callipteris*

Antwort

29

Kaiser Napoleon hatte panische ***Angst vor Katzen.*** Wissenschaftlich nennt man das Katzenphobie oder auch Ailurophobie. Auch Julius Caesar und Heinrich II. fürchteten sich vor Katzen. Als ***Katzenliebhaber*** galten neben anderen prominenten Persönlichkeiten die amerikanischen Präsidenten Abraham Lincoln, Theodore Roosevelt und Bill Clinton. Als ***Katzenzüchter*** ist keiner der genannten Politiker bekannt geworden.

30

Der geheimnisvolle „Schneemensch", der angeblich immer wieder im Himalaja auftaucht, heißt ***Yeti.*** Man fand seine Spuren im Schnee, vereinzelt soll er auch von Beobachtern gesehen worden sein. Man vermutet, dass es sich um einen Affen handelt. Ebenfalls einen Affen vermutet man in ***Bigfoot,*** einem Wesen, das in den USA auftaucht. ***Nessie*** heißt das Ungeheuer von Loch Ness.

31

Durch ***Bienenstiche*** sterben jährlich die meisten Menschen auf der Welt. Zum einen liegt es daran, dass Bienen weit häufiger in Kontakt mit Menschen kommen als ***Schlangen*** oder ***Haie,*** zum anderen reagieren viele Menschen allergisch auf das Bienengift. Auch wenn der Stich einer Biene nicht tödlich ist, kann ein dadurch ausgelöster anaphylaktischer Schock tödliche Wirkung haben.

32

Der französische Meeresforscher Jean-Jacques Cousteau nannte sein Forschungsschiff ***Calypso*** nach einer griechischen Göttertochter, die Odysseus nach seinem Schiffbruch aufnahm. ***Callipteris*** ist die botanische Bezeichnung für Farnsamer, eine prähistorische Pflanzengattung. ***Calamus*** kommt aus dem Griechischen und bezeichnet in der Botanik eine tropische Schilfpalme.

Die wunderbare Welt der Pflanzen

Sie stehen auf unserem Fensterbrett, und wir begegnen ihnen bei jedem Schritt vor die Tür, bei jeder Mahlzeit genießen wir sie und selbst auf unserer Haut und im Inneren unseres Körpers leben einige von ihnen. Pflanzen erscheinen uns als das Selbstverständlichste der Welt. Doch sie bilden ein artenreiches und vielfältiges Spektrum, angefangen von der kleinen Alge, die im Ozean schwimmt, bis hin zu den größten und mächtigsten Bäumen, die riesige Flächen in tropischen und anderen Urwäldern bedecken.

Pflanzen machen etwa 99,9 Prozent der gesamten Biomasse unserer Erde aus. Sie reinigen und regenerieren die Luft, die wir atmen, und bilden die Ernährungsgrundlage für alle Tiere. Selbst reine Fleischfresser fänden ohne sie keine Nahrung mehr, denn deren Beutetiere ernähren sich auch von Pflanzen. Ohne die grünen, blühenden und Frucht tragenden Pflanzen wäre daher tierisches (und auch menschliches) Leben auf unserem Planeten nicht möglich. Trotzdem wissen wir relativ wenig über die meisten Pflanzen. Kaum jemand kann heute noch auf Anhieb einen Löwenzahn von einem Wegerich unterscheiden. Wer weiß noch, zu welcher Pflanzenfamilie Spinat gehört oder auch nur, wie er aussieht, bevor er tiefgefroren und in rechteckige Würfel gepresst in unserem Einkaufswagen und später auf unseren Tellern landet? Dabei lohnt es sich durchaus, einen genaueren Blick auf die pflanzliche Welt um uns herum zu werfen: Sie lehrt uns immer wieder das Staunen über die vielfältigen Strategien der Anpassung und Weiterentwicklung sowie Respekt vor den unglaublichen Leistungen, die Pflanzen für den Fortbestand der Erde vollbringen.

Pflanzen ... und Geschichte

Frage

1

In welchem Erdzeitalter traten die ersten Landpflanzen auf?

- *Kambrium*
- *Silur*
- *Jura*

2

Auf welchem Erdteil entstanden die Kakteen?

- *Amerika*
- *Afrika*
- *Australien*

3

Welcher Baum gilt als „lebendes Fossil"?

- *Küsten-Mammutbaum*
- *Ginkgo*
- *Grannenkiefer*

4

Von welchem Kontinent stammt der Kaffee?

- *Afrika*
- *Südamerika*
- *Asien*

Antwort

1

Die ersten Landpflanzen traten im ***Silur*** (vor etwa 430 Millionen Jahren) auf. Dabei handelte es sich meist um nacktsamige Pflanzen (Gymnospermae). Im ***Kambrium,*** dem untersten System des Paläozoikums (vor etwa 590 bis 490 Millionen Jahren), gab es Leben nur im Meer. Im ***Jura*** (vor 250 bis 135 Millionen Jahren), der Hauptzeit der Saurier, herrschten Nadelhölzer auf der Erde vor.

2

Die Familie der Kaktusgewächse (Cactaceae) mit über 6000 Arten entstand in ***Amerika.*** Ähnlich aussehende Pflanzen wie die „lebenden Steine" (*Lithops*) in ***Afrika*** oder ***australische*** Dickblattgewächse gehören zu anderen Familien und stellen eine Konvergenzerscheinung dar.

3

Im Erdmittelalter (Mesozoikum) waren ***Ginkgobäume*** (*Ginkgo biloba*) weit verbreitet. Erste Funde dieses „lebenden Fossils" sind bereits aus dem Perm (vor 280 bis 225 Millionen Jahren) nachgewiesen. ***Küsten-Mammutbäume*** (*Sequoia sempervirens*) können zwar Jahrtausende alt werden, aber erst im Tertiär (bis vor 60 Millionen Jahren) finden sich verwandte Arten. Auch die nordamerikanische ***Grannenkiefer*** (*Pinus aristata*) kann uralt werden (ein 4600 Jahre altes Exemplar gilt als das älteste Lebewesen der Erde), ist aber kein „lebendes Fossil".

4

Kaffee (*Coffea arabica*) gehört zu den Rötegewächsen (Rubiaceae) und stammt aus dem äthiopischen Hochland, also aus ***Afrika.*** Inzwischen wird der Kaffeestrauch nahezu weltweit in tropischen Ländern angebaut. Mit Abstand führt als Erzeugerland von Kaffee inzwischen das ***südamerikanische*** Brasilien. Neue Anbauländer sind die ***südasiatischen*** Länder Vietnam und Indonesien.

Frage

5

Nur eine der drei genannten Tannen ist in Mitteleuropa heimisch. Welche ist es?

- *Hemlock-Tanne*
- *Riesen-Tanne*
- *Weiß-Tanne*

6

In welchem Erdzeitalter traten die ersten Blütenpflanzen auf?

- *Kreide*
- *Silur*
- *Quartär*

7

Wann entwickelten sich die ersten Pflanzen überhaupt?

- *vor etwa 500 Millionen Jahren*
- *vor über 600 Millionen Jahren*
- *vor etwa 2500 Millionen Jahren*

8

Welcher Laubbaum ist ursprünglich in Mitteleuropa heimisch?

- *Rosskastanie*
- *Haselnuss*
- *Walnuss*

Antwort

5

Nur die ***Weiß-Tanne*** (*Abies alba*) ist in Mitteleuropa heimisch und bildet vor allem im Schwarzwald große Bestände. Die ***Hemlock-Tanne*** (*Tsuga canadensis*) stammt aus dem östlichen Nordamerika und ist nur entfernt mit den Tannen verwandt. Auch die ***Riesen-Tanne*** (*Abies grandis*) stammt aus Nordamerika.

6

Die ersten echten Blütenpflanzen traten in der unteren ***Kreidezeit*** vor etwa 125 Millionen Jahren auf. Davor bestimmten die bereits im ***Silur*** (vor 490 bis 390 Millionen Jahren) entstandenen Schachtelhalme, Bärlappe und Farne die Vegetation. Im ***Quartär***, dem jüngsten System der Erdgeschichte, entwickelten sich die Pflanzen der Gegenwart.

7

Die ersten Pflanzen, im Wasser lebende Algen, entwickelten sich vor über ***600 Millionen Jahren.*** Vor etwa ***500 Millionen Jahren*** entwickelten sich die ersten Wirbeltiere, die sich bereits von den damaligen Pflanzen ernähren konnten. Vor etwa ***2500 Millionen Jahren,*** einem Zeitraum, der als Erdurzeit oder Sternzeitalter bezeichnet wird, bildete sich die Erdkruste, Leben gab es noch nicht.

8

Die ***Haselnuss*** (*Corylus avellana*) ist ein in Mitteleuropa heimischer Baum. Die ***Walnuss*** (*Juglans regia*) stammt ursprünglich aus dem südwestlichen Asien und kam erst mit den Römern über die Balkanhalbinsel nach Mittel- und Westeuropa, worauf auch ihr süddeutscher Name Welschnuss hinweist. Die ***Rosskastanie*** (*Aesculus hippocastanum*) stammt aus Südosteuropa und wurde Ende des 16. Jahrhunderts in Mitteleuropa eingeführt.

Frage

9

Welche Zellorganellen kommen nur in Pflanzenzellen vor?

- *Mitochondrien*
- *Ribosomen*
- *Chloroplasten*

10

Wer war der Gartenarchitekt, der die Außenanlagen von Schloss Versailles plante?

- *Nicolas Fouquet*
- *Jules Hardouin-Mansart*
- *André Le Nôtre*

11

Wo ist die Heimat der pelzigen, braunen Kiwifrüchte?

- *China*
- *Neuseeland*
- *Afrika*

12

Welcher Forscher schuf die noch heute verbindliche Klassifikation der Pflanzen- und Tierwelt?

- *Charles Darwin*
- *Carl von Linné*
- *Carolus Clusius*

Antwort

9

Die ***Chloroplasten*** kommen ausschließlich im Pflanzenreich vor. Sie ermöglichen den Grünpflanzen die Fotosynthese, also die Umwandlung von Kohlendioxyd und Wasser unter dem Einfluss von Licht zu energiereichen Kohlenhydraten. Die beiden anderen Zellorganellen, ***Ribosomen*** und ***Mitochondrien,*** finden sich auch in den Zellen von Tieren.

10

Es war ***André Le Nôtre,*** der ab 1661 die prächtigen Gartenanlagen des französischen Schlossparks von Versailles für König Ludwig XIV. plante. ***Jules Hardouin-Mansart*** war der Architekt des Schlosses von Versailles. ***Nicolas Fouquet*** war Finanzminister unter König Ludwig XIV. und Bauherr des Schlosses Vaux-Le-Vicomte, dessen Garten ebenfalls Le Nôtre anlegte.

11

Die Kiwifrucht (*Actinidia chinensis*) stammt ursprünglich aus ***China,*** obwohl sie seit einigen Jahrzehnten in ***Neuseeland*** großflächig angebaut wird. Sie wird auch Chinesische Stachelbeere genannt. Ihren Namen verdankt die Kiwi den neuseeländischen Wappenvögeln. Da die Kiwi nur in gemäßigten Klimaregionen wächst, wird sie im überwiegend tropischen ***Afrika*** kaum angebaut.

12

Der schwedische Arzt und Naturforscher ***Carl von Linné*** (1707–1778) fasste als Erster die bekannten Pflanzen und Tiere in einer einheitlichen Systematik zusammen. Die von ihm entwickelte Nomenklatur wird noch heute verwendet. ***Charles Darwin*** (1808–1882) entwickelte die Evolutionstheorie. ***Carolus Clusius*** (eigentlich Charles de L'Éscluse, 1526–1609) war ein französischer Botaniker, der als Begründer der beschreibenden Pflanzenkunde gilt.

Pflanzen … und Geschichte

Frage

13

In welcher Stadt wurde der erste botanische Garten Europas gegründet?

- *Leiden*
- *Leipzig*
- *Padua*

14

Nur eine der drei folgenden Nutzpflanzen stammt aus Amerika. Welche ist es?

- *Banane*
- *Orange*
- *Paprika*

15

Welchen Kontinent hat der Naturforscher Alexander von Humboldt nicht bereist?

- *Amerika*
- *Asien*
- *Afrika*

16

Mit welchen Pflanzen machte der Botaniker Gregor Mendel Kreuzungsversuche?

- *Erbsen und Bohnen*
- *Äpfel- und Birnbäume*
- *Buchen und Birken*

Antwort

13

Der erste botanische Garten Europas entstand 1545 im norditalienischen **Padua.** Der Garten von ***Leiden*** wurde kurz nach dem von Padua im Jahr 1577 gegründet. Der Botanische Garten ***Leipzig*** entstand 1580 aus einem 1542 angelegten Apothekergarten und ist der älteste seiner Art in Deutschland.

14

Nur die ***Paprika*** wurde im 16. Jahrhundert aus Amerika nach Europa eingeführt. ***Bananen*** stammen aus Südasien und waren schon den alten Ägyptern bekannt. Heute werden die meisten Bananen in Mittel- und Südamerika angebaut. ***Orangen*** stammen aus Südasien, worauf auch der Name Apfelsine hinweist: Apfel aus Sina (= China).

15

Der Naturforscher Alexander von Humboldt (1769–1859) hat nie ***Afrika*** bereist. Er bereiste von 1799 bis 1804 die heutigen ***amerikanischen*** Staaten Venezuela, Kuba, Kolumbien, Peru, Ecuador, Mexiko und die USA, wo er unter anderem umfangreiches botanisches Material sammelte. 1829 unternahm er eine Expedition in das ***asiatische*** Russland bis an die chinesische Grenze.

16

Mendel formulierte in den 1860er-Jahren seine Grundgesetze der Vererbung, die er unter anderem durch Beobachtungen bei der Kreuzung von **Erbsen** und **Bohnen** gemacht hatte. Die rasche Generationsfolge und die ausgeprägten Merkmale der Pflanzen ermöglichten ein intensives Studium der Vererbungslehre, was bei Bäumen wie ***Buchen, Birken*** oder Obstgehölzen wie ***Apfel*** und ***Birne*** kaum möglich wäre, denn es dauert bei diesen einfach zu lange, bis sie die ersten Früchte tragen.

Frage

17

In welchem Erdzeitalter traten die ersten Laubgehölze auf?

- *Kreide*
- *Trias*
- *Karbon*

18

Welche Pflanze kam während des Ersten Weltkriegs aus Australien nach Europa?

- *Kängurubaum*
- *Tintenfischpilz*
- *Papageienblume*

19

Wie nannte man die Dahlie kurz nach ihrer Einführung in Europa?

- *Schmuck-körbchen*
- *Georgine*
- *Goldblume*

20

Was schrieb Karl der Große im Jahr 794 in seiner Land-güterverordnung nicht vor?

- *Anbau von Rosen*
- *Anbau von Kartoffeln*
- *Anbau von Heilkräutern*

Antwort

17

Die ersten Laubgehölze und damit die ersten Bedecktsamer (Angiospermen) traten im System der unteren ***Kreide*** vor etwa 125 Millionen Jahren auf. Im späten ***Karbon*** traten neben den Farngewächsen auch die ersten Nacktsamer auf, darunter viele Nadelbäume. Im ***Trias*** erschienen die ersten Säuger auf der Erdoberfläche, die sich von den bereits existierenden Landpflanzen ernähren konnten.

18

Der rote ***Tintenfischpilz*** (*Clathrus archeri*) wurde Anfang des 20. Jahrhunderts mit Wollimporten aus Australien eingeschleppt und kommt inzwischen europaweit vor. Als ***Kängurubäume*** (*Anigozanthos* spec.) bezeichnet man Stauden, die nur im subtropischen Australien vorkommen. Die südamerikanische ***Papageienblume*** (*Heliconia psittacorum*) wächst bei uns nur im Gewächshaus.

19

Die im 18. Jahrhundert aus Mittelamerika nach Europa eingeführte Dahlie (*Dahlia pinnata*) nannte man früher ***Georgine.*** Erst später wurde sie nach dem schwedischen Botaniker Andreas Dahl benannt. ***Schmuckkörbchen*** ist die Bezeichnung für eine aus Mittelamerika eingeführte Sommerblume, die Kosmee (*Cosmos bipinnatus*). ***Goldblume*** heißt im Volksmund auch die Chrysantheme.

20

Karl der Große schrieb in seiner Landgüterverordnung „Capitulare de villis" aus dem Jahr 794 nicht den ***Anbau von Kartoffeln*** vor. Das tat erst Friedrich II. von Preußen im 18. Jahrhundert. Die nahrhafte Knolle stammt aus Amerika, das zu Karls Zeit noch nicht entdeckt war. ***Rosenblüten*** galten früher als Medikament, weshalb Karl der Große ihren Anbau genauso wie den von ***Heilkräutern*** befahl.

Pflanzen … und Geschichte

Frage

21

Wer glaubte, die „Urpflanze“ entdeckt zu haben?

- *Johann Wolfgang von Goethe*
- *Gregor Mendel*
- *Carl von Linné*

22

Welcher niederländische Maler wurde für seine Blumenstillleben berühmt?

- *Rembrandt van Rijn*
- *Jan Brueghel d. Ä.*
- *Peter Paul Rubens*

23

Woher stammt der Schwarze Pfeffer?

- *Afrika*
- *Südamerika*
- *Asien*

24

Welche Folgen hatte die Aufhebung der Kontinentalsperre Japans im 19. Jahrhundert für Europa?

- *Kartoffelkäfer wurde eingeschleppt*
- *neue Pflanzen kamen nach Europa*
- *Echter Mehltau wurde eingeschleppt*

Antwort

21

Johann Wolfgang von Goethe postulierte 1786 den Archetypus einer „Urpflanze", die sich im Laufe der Jahrtausende immer weiter verändert habe. ***Gregor Mendel*** entdeckte an Erbsen und Bohnen die Grundlagen der Vererbung, aber keine „Urpflanze". ***Carl von Linné*** hat als Erster die bis heute verbindliche wissenschaftliche Einteilung und Benennung von Pflanzen und Tieren erarbeitet.

22

Jan Brueghel d. Ä. (1568–1625) war für seine detaillierten Blumenstillleben bekannt, weshalb man ihm auch „Blumenbrueghel" nannte. ***Rembrandt*** glänzte besonders als Porträtist und Maler biblischer Szenerien. Nach ihm wurden die Rembrandt-Tulpen benannt, eine durch Viren farblich veränderte Form. ***Peter Paul Rubens*** ließ gelegentlich die Blumen und Hintergründe seiner Bilder von Jan Brueghel d. Ä. malen.

23

Der Schwarze Pfeffer (*Piper nigrum*) wird heute fast überall in feuchtheißen Gebieten angepflanzt. Ursprünglich stammt er jedoch aus ***Südwestindien (Asien).*** Neben dem asiatischen Schwarzen Pfeffer gibt es weltweit, darunter auch in ***Afrika,*** noch ca. 2000 weitere Pfefferarten sowie die aus ***Südamerika*** stammenden scharfen Paprikaschoten, die man als Cayenne- oder Chilipfeffer kennt.

24

Japan war durch die sogenannte Kontinentalsperre von 1637 bis 1854 von nahezu allen Handelsbeziehungen mit dem Westen abgeschottet. Nach der Aufhebung dieser Handelsblockade gelangten auch zahlreiche ***neue Pflanzen*** nach Europa. ***Kartoffelkäfer*** und ***Echter Mehltau*** wurden aus den USA nach Europa eingeschleppt.

Pflanzen … und Begriffe

Frage

1

Nur eine der drei folgenden Früchte ist wirklich eine Nuss. Welche ist es?

- *Haselnuss*
- *Walnuss*
- *Erdnuss*

2

Wie nennt man Pflanzen, die auf anderen Pflanzen leben, ohne sich von ihnen zu ernähren?

- *Xerophyten*
- *Parasiten*
- *Epiphyten*

3

Welche tropische Nutzpflanze ist ein Baum?

- *Banane*
- *Mango*
- *Papaya*

4

Welche Pflanze besitzt Stacheln?

- *Rose*
- *Weißdorn*
- *Stechpalme*

Antwort

1

Nur die **Haselnuss** (*Corylus avellana*) ist eine echte Nuss. Nüsse sind einsamige Schließfrüchte, die nicht von einem Fruchtmantel umgeben werden. Die ***Walnuss*** (*Juglans regia*) ist eine Steinfrucht, da die Frucht von einem fleischigen grünen Mantel umgeben ist. ***Erdnüsse*** (*Arachis hypogaea*) sind Hülsenfrüchte. Nach dem Abblühen verlängern sich die Fruchtstiele, bohren sich ins Erdreich und reifen dort zu den bekannten „Nüssen".

2

Epiphyten oder Aufsitzerpflanzen nennt man die Gewächse, die ohne Kontakt zum Erdboden auf anderen Pflanzen wachsen, ohne diesen Nährstoffe oder Wasser zu entziehen, wie Bromelien oder Orchideen. ***Parasiten*** wie die Mistel leben ebenfalls auf anderen Pflanzen, entziehen ihrem Wirt aber Wasser und Nährstoffe. ***Xerophyten*** sind Pflanzen, die sich an Trockenheit angepasst haben.

3

Nur die ***Mango*** wächst an einem echten Baum (*Mangifera indica*) mit verholzendem, bis zu 30 m hohem Stamm. Die ***Banane*** (*Musa x paradisiaca*) ist eine Staude. Die zwiebelartig verschachtelten Blattscheiden der kräftigen Pflanze bilden einen bis zu 10 m hohen „Pseudo-Stamm". Die ***Papaya*** (*Carica papaya*) ist eher eine Art Riesenkraut mit schlankem, glattem und hohlem Stamm.

4

Als Stacheln bezeichnet man starre, stechende Auswüchse der äußeren Zellschicht. Sie lassen sich im Gegensatz zu Dornen leicht abbrechen, ohne dass die Pflanze dabei ernsthaft verletzt wird. **Rosen** haben Stacheln und keine Dornen. Der ***Weißdorn*** besitzt echte Dornen. Die ***Stechpalme*** (*Ilex*) hat weder Stacheln noch Dornen. Bei ihr sind die Blätter spitz gezähnt.

Frage

5

Welcher bei uns weit verbreitete Baum ist kein Kätzchenblüher?

- *Walnuss*
- *Schwarz-Erle*
- *Berg-Ahorn*

6

Welche Früchte sind botanisch korrekt Beeren?

- *Erdbeeren*
- *Kirschen*
- *Kürbisse*

7

Was bezeichnet man als Hexenbutter?

- *gallertartiger Pilz*
- *Drüsensaft des Schlafmohns*
- *reife Früchte des Bilsenkrauts*

8

Wie nennt man das Vereinzeln von Sämlingen?

- *Pinzieren*
- *Pikieren*
- *Pillieren*

Antwort

5

Der ***Berg-Ahorn*** (*Acer pseudoplatanus*) ist kein Kätzchenblüher, sondern bringt im Frühjahr Blüten in hängenden Trauben hervor. Die ***Schwarz-Erle*** (*Alnus glutinosa*) aus der Familie der Birkengewächse schmückt sich genauso wie die ***Walnuss*** (*Juglans regia*) im Frühling mit kätzchenförmigen Blüten.

6

Nur ***Kürbisse*** sind im botanischen Sinne Beerenfrüchte. Sie gelten als die größten Beerenfrüchte überhaupt und können ein Gewicht von mehr als 100 kg erreichen. ***Kirschen*** zählen zum Steinobst und ***Erdbeeren*** sind sogenannte Nuss-Sammelfrüchte, denn nicht die roten, fleischigen „Beeren", sondern die winzigen, im Fruchtfleisch eingelagerten Nüsschen dienen der Vermehrung.

7

Als Hexenbutter bezeichnet der Volksmund den Warzigen Drüsling (*Exidia glandulosa*), einen auf dem toten Holz von Laubgehölzen wachsenden ***Gallertpilz*** mit schwarzer, glänzender Oberfläche. ***Bilsenkraut*** (*Hyoscyamus niger*) war einst Bestandteil der legendären Hexensalbe, und ***Schlafmohn*** (*Papaver somniferum*) sondert einen weißen, giftigen Drüsensaft ab, der auch als Opium bekannt ist.

8

Nach der Aussaat stehen die jungen Sämlinge oft zu dicht und müssen mit größeren Abständen neu eingepflanzt werden. Dieses Umpflanzen im frühen Entwicklungsstadium nennt man ***Pikieren.*** Als ***Pillieren*** bezeichnet man das Rollen von Saatgut zu kleinen Kugeln. Werden die Triebspitzen von (meist jungen) Pflanzen ausgekniffen oder abgeschnitten, um eine Verzweigung anzuregen, nennt man das ***Pinzieren.***

Frage

9

Wie bezeichnet man die Frucht des Kaffeestrauchs auch?

- *Nuss*
- *Kirsche*
- *Bohne*

10

Was sind Neophyten?

- *neu entdeckte Pflanzenarten*
- *eingeschleppte Pflanzenarten*
- *Pflanzenarten aus der Neuen Welt*

11

Unter welchem Namen ist der Champignon noch bekannt?

- *Ritterling*
- *Egerling*
- *Schirmling*

12

Was ist eine Staude?

- *krautige, zweijährige Pflanze*
- *krautige, ausdauernde Pflanze*
- *strauchförmige Pflanze*

Antwort

9

Am Kaffeestrauch (*Coffea arabica*) reifende Früchte haben einen roten, fleischigen Fruchtmantel, in dem sich zwei Samen befinden. Man nennt die Früchte wegen ihres Aussehens auch ***Kaffeekirschen.*** Sie zählen botanisch nicht zu den ***Nussfrüchten***. Als ***Bohnen*** bezeichnet man die Früchte von Schmetterlingsblütlern, die in Schoten heranreifen.

10

Neophyten oder Adventivpflanzen werden Pflanzenarten genannt, die vom Menschen in ein ***fremdes Florengebiet verschleppt*** wurden. Die Vorsilbe „neo" stammt aus dem Griechischen und bedeutet neu, das griechische „phytos" bedeutet Pflanze. Streng genommen sind Neophyten daher neue Pflanzen, aber keine ***neu entdeckten Pflanzen***. ***Pflanzen aus Amerika*** nennt man auch Neuweltpflanzen (nach der Neuen Welt).

11

Den bei uns als Speisepilz wohl am häufigsten gehandelten Champignon (*Agaricus brunnescens* oder *A. bisporus*) mit charakteristisch schokoladenbraunen Sporen und hellem Hut nennt man auch ***Egerling.*** In der Gruppe der ***Ritterlinge*** (Tricholoma) gibt es essbare und giftige Vertreter, ebenso in der Gruppe der ***Schirmlinge*** (Lepiota).

12

Als Staude bezeichnet man eine ***krautige, ausdauernde Pflanze,*** die mehrmals in ihrem Leben blüht. Sie besitzt unterirdische Überdauerungsorgane, aus denen sie, wenn die Blätter im Herbst absterben, im Frühjahr wieder austreibt. ***Zweijährige Pflanzen*** werden als Bienne bezeichnet. In der älteren forstlichen Literatur werden auch ***Sträucher*** als Stauden bezeichnet, was aber der heutigen Bedeutung des Begriffs Staude nicht mehr entspricht.

Frage

13

Was bezeichnet man als Mykologie?

- *Pilzkunde*
- *Genveränderung*
- *Bestäubung durch Fliegen*

14

Was ist eine Chimäre?

- *natürlicher Nachkomme zweier verschiedener Pflanzenarten*
- *südamerikanische Baumfrucht*
- *Pflanze mit Gewebe verschiedener genetischer Zusammensetzung*

15

Was bedeutet Autogamie?

- *Selbstausbreitung*
- *Selbstbefruchtung*
- *Urzeugung*

16

Was bezeichnet man als Bestockung?

- *Verholzen der Pflanzenstängel*
- *basale Verzweigung, z. B. bei Süßgräsern*
- *Ansatz von Früchten an Obstbäumen*

Antwort

13

Mykologie nennt man die ***Pilzkunde.*** Die sprunghafte ***Veränderung der Gene,*** die zu neuen Eigenschaften bei den Nachkommen führen kann, heißt Mutation, und die von manchen Pflanzen erzielte Anpassung an die ***Bestäubung durch Fliegen*** wird als Myophilie bezeichnet.

14

Als Chimäre (von griech. „chimaira" = mythisches Ungeheuer) bezeichnet man ***Pflanzen mit Gewebe verschiedener genetischer Zusammensetzung.*** Chimären entstehen zum Beispiel durch Pfropfung. Dem botanischen Namen wird ein Pluszeichen vorangestellt, etwa *+Laburnocytisus adamii.* Ein ***natürlicher Nachkomme zweier verschiedener Pflanzenarten*** heißt Bastard oder Hybride, gekennzeichnet durch ein x zwischen den Namensteilen. Cherimoya heißt eine ***südamerikanische Baumfrucht.***

15

Mit Autogamie bezeichnet man die Bestäubung einer Blüte mit dem eigenen Pollen, also die ***Selbstbefruchtung.*** Die ***Selbstausbreitung*** einer Pflanze auf engstem Raum, etwa durch Ausschleudern der Samen, nennt man Autochorie. Die ***Urzeugung,*** also die Entstehung von Leben aus anorganischem Material, heißt Autogenie und wird als Beginn des Lebens auf der Erde angesehen.

16

Bestockung nennt man die ***basale (grundständige) Verzweigung*** von Pflanzen, sodass aus einer Frucht eine Pflanze mit vielen blühenden Sprossen entsteht. Im Fall des Zierrasens macht der Mensch sich diesen Effekt zunutze, indem er die Gräser durch häufiges Mähen zur weiteren Bestockung anregt. Den ***Ansatz von Früchten an Obstbäumen*** nennt man Besatz und das ***Verholzen von Pflanzenstängeln*** Lignifikation.

Frage

17

Was sind Herbivore?

- *Pflanzenvernichtungsmittel*
- *Sammlungen getrockneter Pflanzen*
- *Pflanzenfresser*

18

Was bezeichnet man als Allelopathie?

- *Fremdbestäubung von Blüten*
- *Einwirkung einer Pflanze auf eine andere*
- *Lehre von den Allergien*

19

Was ist ein Arillus?

- *Samenmantel*
- *Verbreitungsgebiet einer Art*
- *borstenartiger Fortsatz*

20

Was bedeutet es, wenn eine Pflanze panaschiert ist?

- *mit Wachstumsknospen einer anderen Pflanze gepfropft*
- *andere Färbung der Blüten oder Blätter*
- *Insekten oder deren Larven schmarotzen*

Antwort

17

Als Herbivore bezeichnet man alle ***Tiere, die sich von lebenden Pflanzen und Pflanzenteilen ernähren. Pflanzenvernichtungsmittel*** heißen Herbizide und werden zum Beispiel zur chemischen Unkrautbekämpfung eingesetzt. ***Sammlungen getrockneter Pflanzen*** zum Zwecke des Studiums nennt man Herbarien.

18

Allelopathie ist die stoffliche ***Einwirkung einer Pflanze auf eine andere,*** etwa wenn bei Äpfeln das Reifegas Äthylen austritt und daneben gelagerte Bananen rascher reifen lässt. Die ***Bestäubung durch den Pollen*** einer genetisch anderen Pflanze nennt man Allogamie. Die ***Erforschung der Allergien*** auslösenden Pflanzen (und anderer allergener Substanzen) heißt Allergologie.

19

Als Arillus bezeichnet man die meist fleischige, manchmal auch holzige ***Hülle, die einen Samen umgibt,*** etwa bei Eibenfrüchten oder Eicheln. Das ***Verbreitungsgebiet,*** in dem eine Art vorkommt, wird als Areal bezeichnet. Der ***borstenartige Fortsatz*** an Blättern und anderen Pflanzenorganen heißt Arista oder Granne, etwa die auffällige Granne an Getreide wie der Gerste.

20

Wenn eine Pflanze panaschiert ist, zeigen Pflanzenteile Muster oder Flecken, die ***anders als normal gefärbt*** sind. Hervorgerufen werden diese Farbveränderungen durch einen Mangel an Blattgrün (Chlorophyll), entweder durch Mutationen oder durch Viren. Als Zierformen sind solche Pflanzen oft beliebt. Mit ***Wachstumsknospen anderer Pflanzen gepfropfte Gewächse*** nennt man okuliert. Und wenn ***ein Tier an Pflanzen schmarotzt,*** werden sie von diesem parasitiert.

Frage

21

Welcher Begriff bezeichnet keine tropische Nahrungspflanze?

- *Maniok*
- *Taro*
- *Kapok*

22

Was ist ein Archäophyt?

- *seit Langem eingewanderte Pflanzenart*
- *ausgestorbene Pflanzenart*
- *lebendes Fossil des Pflanzenreichs*

23

Was bezeichnet man als Schneeschimmel?

- *weißer Belag auf Blättern und Blüten*
- *Pilzerkrankung des Rasens*
- *Ausscheidungen von Läusen*

24

Was ist eine Hybride?

- *Mischling zweier verschiedener Arten*
- *Mischling zweier verschiedener Sorten*
- *Wasser leitende Zelle bei Laubmoosen*

Antwort

21

Der in Südostasien, Indien, Afrika und dem tropischen Amerika wachsende ***Kapokbaum*** (*Ceiba petandra*) wird nicht als Nahrungspflanze genutzt. Sein leichtes Holz wird für den Modellbau sowie als Blend- und Dämmholz verwendet. ***Maniok*** (*Manihot esculenta*) und ***Taro*** (*Colocasia esculenta*) sind stärkereiche Knollen, die in manchen tropischen Regionen als Grundnahrungsmittel dienen.

22

Als Archäophyt oder Paläophyt wird eine Pflanze aus einer anderen geografischen Region bezeichnet, die mit dem Menschen bereits ***in frühgeschichtlicher Zeit*** in ein Gebiet ***eingewandert*** ist. Mit ***ausgestorbenen Pflanzen*** beschäftigt sich die Wissenschaft der Paläobotanik. ***Lebende pflanzliche Fossilien*** kann man auch als archaisch bezeichnen.

23

Schneeschimmel ist eine hartnäckige ***Pilzerkrankung des Rasens,*** die besonders im Frühjahr nach der Schneeschmelze auftritt. Wattiges, weißes Pilzgeflecht breitet sich aus und bringt die Gräser zum Absterben. Bei einem ***weißen Belag auf Blättern und Blüten*** handelt es sich um Mehltau, ebenfalls eine Pilzerkrankung. Die ***Ausscheidungen von Läusen*** und die sich darauf ansiedelnden schwarzen Pilze bezeichnet man als Rußtau.

24

Bei einer Hybride im Pflanzenreich handelt es sich um die Nachkommen aus einer ***Kreuzung zweier verschiedener Arten.*** Die neu entstandene Art wird durch ein x zwischen den Namensteilen gekennzeichnet, etwa *Rosa x alba*. Aus der ***Kreuzung zweier Sorten einer Art*** entsteht einfach eine neue Sorte, aber keine Hybride. Die ***Wasser leitende Zelle bei Laubmoosen*** heißt Hydroide.

Frage

25

Wie nennt man die Träger der pflanzlichen Samenzellen?

- *Sporen*
- *Pollen*
- *Gene*

26

Wie nennt man das Blattgrün, das die Pflanzen zur Fotosynthese befähigt?

- *Phyllit*
- *Chlorophyll*
- *Chloroplast*

27

Was nennt man Kambium?

- *System des Erdaltertums*
- *Schicht zwischen Holz und Bast bei Bäumen*
- *Tropenholzart*

28

Wie wird der Koloradokäfer im Volksmund genannt?

- *Maikäfer*
- *Glückskäfer*
- *Kartoffelkäfer*

Antwort

25

Die männlichen Fortpflanzungszellen der Samenpflanzen werden in den Staubblättern der Blüten gebildet und heißen ***Pollen.*** Bei Farnen und Pilzen, die nicht zu den Blütenpflanzen gehören, erfolgt die Vermehrung über ***Sporen.*** In beiden Fällen sind ***Gene*** beteiligt. Diese kommen, weil sie die Träger der Erbanlagen sind, auch in den weiblichen Fortpflanzungszellen vor. Sie sind aber keine Samenzellen.

26

Das ***Chlorophyll*** heißt, wörtlich aus dem Griechischen übersetzt Blattgrün. Nur durch dieses können Pflanzen aus Sonnenlicht und Wasser Energie gewinnen. ***Chloroplasten*** sind die Zellorganellen, die unter anderem das Chlorophyll enthalten. Als ***Phyllit*** bezeichnet man Urtonschiefer, ein Gestein ältester geologischer Formationen.

27

Als Kambium bezeichnet man die ***Schicht zwischen dem äußeren Bast unter der Rinde*** und dem Holz von Bäumen. Es ist das Bildungsgewebe, das für das Dickenwachstum von Stämmen und Wurzeln verantwortlich ist. Das Kambrium ist ein ***System des Erdaltertums.*** Eine ***Tropenholzart*** heißt Kambala und ist auch unter dem Namen Iroko bekannt

28

Der gelb-schwarz gestreifte Koloradokäfer (*Leptinotarsa decemlineta*) wird nach seiner Wirtspflanze auch ***Kartoffelkäfer*** genannt. Er stammt ursprünglich aus den USA und wurde im Jahr 1876 mit Kartoffelimporten von dort nach Europa eingeschleppt. Der ***Maikäfer*** ist ein in Europa heimischer Käfer, genauso wie der Marienkäfer oder Siebenpunkt, der auch als ***Glückskäfer*** bezeichnet wird.

Frage

29

Wie nennt man einen japanischen Zwergbaum?

- *Tsukubai*
- *Bonsai*
- *Satsuki*

30

Welche deutsche Insel wird als Blumeninsel bezeichnet?

- *Freundschafts-insel in Potsdam*
- *Bodenseeinsel Mainau*
- *Ostseeinsel Rügen*

31

Wie nennt man den Holunderbaum volkstümlich?

- *Attich*
- *Lattich*
- *Latsche*

32

Was versteht ein Botaniker unter einem Hochblatt?

- *oberste Trieb-spitze einer Pflanze*
- *blütenblatt-ähnlich umge-bildetes Blatt*
- *in der Blattachsel gebildete Anlage für einen neuen Trieb*

Antwort

29

Japanische Zwergbäume heißen ***Bonsais.*** Sie wachsen nicht von Natur zwergförmig, sondern werden durch regelmäßigen Schnitt in diese Form gebracht. Ziel der Maßnahmen ist es, den Baum möglichst natürlich aussehen zu lassen, nur in einem stark verkleinerten Maßstab. ***Satsuki*** ist japanisch und bedeutet Azalee, und ***Tsukubai*** ist ein niedriger Stein für rituelle Waschungen im japanischen Garten.

30

Als Blumeninsel gilt die kleine ***Bodenseeinsel Mainau,*** die von Graf Lennart Bernadotte zu einem Besuchermagneten ausgebaut wurde. Die Ostseeinsel ***Rügen*** ist zwar auch reich an Blumen, aber ihr gebührt ein anderer Titel: Sie ist die größte deutsche Insel. Die Insel in der Havel in ***Potsdam*** wurde vom Staudenzüchter Karl Foerster als Blumengarten angelegt und heißt ***Freundschaftsinsel.***

31

Der in Europa heimische Holunderbaum (*Sambucus nigra*) wird auch Holler oder ***Attich*** genannt. Mit ***Lattich*** bezeichnet man den Kopfsalat, aber auch verschiedene Wildkräuter, etwa den Huflattich (*Tussilago*). ***Latsche*** nennt man die Bergkiefer in den alpinen Regionen Deutschlands, Österreichs und der Schweiz.

32

Ein Hochblatt ist das ***blütenähnlich umgebildete Blatt*** einer Pflanze. Solche Hochblätter sind meist besonders bunt und locken Insekten zur Bestäubung an die eher unscheinbaren echten Blüten. Bunte Hochblätter haben z. B. Weihnachtssterne, Bougainvilleen oder Hortensien. Die ***oberste Triebspitze*** einer Pflanze heißt auch Wachstumspunkt, und die ***in einer Blattachsel gebildete Anlage für einen neuen Trieb*** nennt man Knospe.

Frage

1

Welche Pflanzengruppe gehört nicht zu den Blütenpflanzen?

- *Koniferen*
- *Farne*
- *Gräser*

2

Bei einer Koniferenart fallen die Zapfen nicht als Ganzes ab, sondern in einzelnen Schuppen. Bei welcher Art ist das so?

- *Tannen*
- *Kiefern*
- *Fichten*

3

Welche Pflanze ist bei der Bestäubung nicht auf Insekten angewiesen?

- *Haselnuss*
- *Silber-Weide*
- *Kornelkirsche*

4

Welche dieser drei Pflanzen hat den kleinsten Samen?

- *Hänge-Birke*
- *Ohr-Weide*
- *Rot-Buche*

Antwort

1

Die ***Farne*** (Filicatae) gehören nicht zu den Blütenpflanzen. Sie vermehren sich durch Sporen, die meist an der Unterseite der Wedel sitzen. Aus den Sporen geht ein Zellfaden hervor, aus dem sich ein Vorkeim (Prothallium) und dann eine neue Pflanze entwickelt. ***Gräser*** und ***Nadelgehölze (Koniferen)*** blühen, wenn auch oft unscheinbar, und gehören deshalb zu den Blütenpflanzen.

2

Bei den ***Tannen*** verbleiben die aufrecht an den oberen Zweigen sitzenden Zapfen bei der Samenreife am Baum. Nur die einzelnen Schuppen des Zapfens lösen sich von der Spindel und geben die Samen frei. Bei ***Kiefern*** und ***Fichten*** fallen dagegen die Zapfen als Ganzes ab, nachdem sie ihre Schuppen gespreizt und die Samen haben ausfallen lassen.

3

Die besonders früh im Jahr blühende ***Haselnuss*** (*Corylus avellana*) ist windblütig, das bedeutet, dass sie für die Befruchtung ihrer Blüten keine Insekten braucht. Bienen suchen zwar blühende Haselsträucher auf, befruchten sie aber nicht, weil sie nur männliche Blüten anfliegen. ***Weiden*** und ***Kornelkirschen*** sind im Frühjahr wertvolle Bienen-Futterpflanzen und werden auch von ihnen bestäubt.

4

Die kleinsten Samen der genannten Bäume hat die ***Ohr-Weide*** (*Salix aurita*). Die nur millimetergroßen Samen sind mit einem seidigen Haarschopf ausgestattet, der sie zum Flug mit dem Wind befähigt. ***Birken*** haben etwa 3 mm große, nussartige Samen mit kleinen Flügelchen, die ebenfalls vom Wind verbreitet werden. Die Samen der ***Buchen,*** die allgemein bekannten Bucheckern, sind etwa 1,5 cm groß.

Pflanzen … und Fortpflanzung

Frage

5

Die Samen welcher heimischen Baumart wurden früher zur Tiermast verwendet?

- *Rosskastanie*
- *Eiche*
- *Edelkastanie*

6

Welches ist der größte Samen, den Pflanzen hervorbringen?

- *Kokosnuss*
- *Seychellennuss*
- *Kürbis*

7

Welche Pflanze kann sich nicht durch Samen vermehren und gilt als ältester Klon der Welt?

- *eine tasmanische Proteenart*
- *eine nordamerikanische Heidelbeere*
- *eine ostasiatische Ginkgoart*

8

Von welcher Pflanzengruppe stammt die Pitahaya-Frucht?

- *Palmenart*
- *Kaktusart*
- *Strauch*

Antwort

5

Die Samen der ***Eichen*** wurden früher zur Tiermast verwendet. Bis in die frühe Neuzeit trieb man Schweine in sogenannte Hutewälder, damit sie Eicheln fressen konnten. Die stärkereichen, aber sehr bitteren Samen der ***Rosskastanie*** werden nur zur Wildfütterung, aber nicht zur Tiermast verwendet. Die Früchte der ***Edelkastanie*** waren für die Menschen früher ein zu wichtiges Nahrungsmittel, um sie an die Tiere zu verfüttern.

6

Die ***Seychellennuss*** (*Lodoicea maldivica*) kann bis zu 48 cm groß und mehr als 22 kg schwer werden. Die auch Coco de mer genannte Frucht ist damit noch vor der ***Kokosnuss*** der größte Samen der Welt. ***Kürbisse*** können zwar riesige Früchte bilden, enthalten aber eine Vielzahl kleinerer Samen, die kaum größer als 1,5 cm werden.

7

Das nur in einer Schlucht auf ***Tasmanien*** vorkommende ***Proteusgewächs*** *Lomatia tasmanica* blüht zwar schön, bildet aber keine Samen und kann sich daher nur vegetativ (durch Wurzeltriebe), also durch genetisch identische Klone vermehren. Vergleiche mit fossilen Blättern aus derselben Region zeigen, dass die Pflanze wohl 43 000 Jahre alt ist. Der Klon einer ***amerikanischen Heidelbeere*** wird auf 12 000 Jahre geschätzt. ***Ginkgobäume*** sind zwar urtümliche Gewächse, aber fruchtbar und keine Klone.

8

Die apfelgroße, leuchtend rote, geschuppte Pitahaya ist die Frucht einer tropischen ***Kaktusart*** (*Hylocereus*). Anders als die bekanntere Kaktusfeige ist sie aber nicht mit Dornen besetzt. ***Palmen*** bringen als Früchte Datteln hervor, und viele andere Obstsorten, wie Äpfel, Pflaumen oder Pfirsiche, sind die Früchte von Bäumen oder ***Sträuchern.***

Frage

9

Welche Pflanze bringt die größte und schwerste Blüte der Welt hervor?

- *Riesenseerose*
- *Rafflesie*
- *Titanenwurz*

10

Welche dieser exotischen Obstarten hat die größten Samen?

- *Mango*
- *Papaya*
- *Kiwi*

11

Welche Pflanze ist bei ihrer Verbreitung auf Vögel angewiesen?

- *Eiche*
- *Mistel*
- *Vogelkirsche*

12

Welche Pflanze imitiert mit ihrer Blüte ein Insekt, um andere Tiere zur Bestäubung anzuregen?

- *Fliegen-Ragwurz*
- *Bienenfreund*
- *Läusekraut*

Antwort

9

Als größte und schwerste Blüte der Welt gilt die der auf Borneo und Sumatra heimischen ***Rafflesie*** (*Rafflesia arnoldii*). Sie wird bis zu 90 cm groß und wiegt 11 kg. Ebenfalls sehr groß, aber nicht so schwer ist die etwa 2,30 m lange, schmale Blüte der ***Titanenwurz*** (*Amorphophallus titanum*). Die ***Riesenseerose*** ist wegen ihrer riesigen Blätter, nicht aber wegen Riesenblüten bekannt.

10

Die ***Mango*** (*Mangifera indica*) birgt einen einzigen, abgeplatteten Samen in ihrem Fruchtfleisch, der etwa 10 cm lang ist. Die ***Papaya*** (*Carica papaya*) hat zwar größere Früchte, aber die zahlreichen schwarzen Samen werden jeweils nur etwa so groß wie ein Pfefferkorn. Die Samen der ***Kiwi*** (*Actinidia deliciosa*) sind kaum 1 mm groß.

11

Die Samen der ***Mistel*** (*Viscum album*), einer schmarotzenden Pflanze, müssen auf die Äste eines Baumes gelangen, um dort zu keimen. Dies geschieht durch Vögel, die den Samen fressen und unverdaut an den richtigen Stellen wieder ausscheiden. Obwohl Eichelhäher im Herbst gern Eicheln verschleppen und als Wintervorrat verstecken, sind ***Eichen*** bei der Vermehrung nicht auf Vögel angewiesen, ebenso wenig wie die ***Vogelkirsche.***

12

Wie manche andere Orchideen imitiert die einheimische ***Fliegen-Ragwurz*** (*Ophrys insectifera*) ein Insekt, damit andere Tiere angelockt werden und nebenbei die Blüten der Pflanze bestäuben. ***Bienenfreund*** heißt eine Gründünger- und Bienenweidepflanze (*Phacelia*) mit büschelartigen, violetten Blüten, und das ***Läusekraut*** (*Pedicularis*) ist ein meist an Gräsern schmarotzender Halbparasit.

Frage

13

Welche der genannten Blumen hat den kleinsten Samen?

- *Orchidee*
- *Mohn*
- *Akelei*

14

Wenn man einen Kirschkern sät, welche Früchte wachsen später an diesem Baum?

- *die gleichen wie an der Elternpflanze*
- *kleine, wilde Kirschen*
- *keine Früchte*

15

Wie werden die Samen von Schneeglöckchen verbreitet?

- *durch Vögel*
- *durch Wind*
- *durch Ameisen*

16

Wozu dienen die Samen des Johannisbrotbaums nicht?

- *Maßeinheit für 1 Karat Gewicht bei Gold und Edelsteinen*
- *fiebersenkendes Medikament*
- *Verdickungsmittel in Lebensmitteln*

Antwort

13

Orchideensamen sind so winzig, dass sie wie Staub wirken. Bei der professionellen Zucht und Vermehrung werden sie als Vorkultur in Reagenzgläsern ausgesät. Die Samen von ***Akeleien*** (*Aquilegia*) sind mit einem Durchmesser von etwa 2 mm zwar ziemlich klein, aber die größten der drei genannten. Die Samen von ***Mohn*** (*Papaver*) haben einen Durchmesser von kaum 1 mm.

14

Wie bei den meisten veredelten Obstsorten wächst aus dem Samen einer Kirsche ein ***Wildling,*** der zwar fruchtbar ist, aber nur kleine, säuerliche Früchte trägt. Damit der Baum ebenso große und schmackhafte ***Früchte wie die Elternpflanze*** trägt, muss er durch Aufpfropfen eines Edelreises (Triebes) veredelt und meist von einer Befruchtersorte bestäubt werden. Ohne Fremdbefruchtung kann es vorkommen, dass der Baum ***gar keine Früchte*** trägt.

15

Die Samen des Schneeglöckchens (*Galanthus nivalis*) werden durch ***Ameisen*** verbreitet. Damit die Insekten Interesse an dieser Aufgabe finden, haben die Samen ein süßes Anhängsel am Samenkorn, das die Ameisen anlockt. Durch das Verschleppen der Samenkörner erreichen die Pflanzen eine weitere Verbreitung als durch den ***Wind. Vögel*** spielen hierbei keine Rolle.

16

In der ***Medizin*** spielen die Samen des Johannisbrotbaums (*Ceratonia siliqua*), Karobbaum genannt, keine entscheidende Rolle. Aber sie wurden schon von den Griechen wegen ihrer stets gleichen Größe als ***Maßeinheit für Gold und Edelsteine*** benutzt. Das Mehl aus diesen Samen benutzt man, um flüssige ***Lebensmittel anzudicken.***

Frage

17

Wie nennt man die Früchte des Gemeinen Wacholders?

- *Beeren*
- *Zapfen*
- *Beerenzapfen*

18

Wie nennt man die Frucht von Rosen?

- *Rosenapfel*
- *Granatapfel*
- *Hagebutte*

19

Was tut der Gärtner, wenn er Saatgut stratifiziert?

- *schichtet die Samen in feuchten Sand*
- *lagert die Samen einige Zeit im Kühlschrank*
- *weicht die Samen in Kräuterbrühen oder -tees ein*

20

Was ist eine F1-Hybride?

- *Ergebnis der Kreuzung zweier Pflanzengattungen*
- *Ergebnis der Kreuzung zweier reinrassiger Pflanzensorten*
- *Ergebnis vegetativer Pflanzenvermehrung*

Antwort

17

Die Früchte des Gemeinen Wacholders (*Juniperus communis*) sind ***Beerenzapfen.*** Sie bilden sich aus den weiblichen Blüten, die mit ihren knorpeligen Schuppen zunächst wie ***Zapfen*** aussehen und später zu schwarzblauen Beerenzapfen verwachsen, die eine fleischige Konsistenz haben und wie ***Beeren*** aussehen. Im Volksmund nennt man sie auch Wacholderbeeren.

18

Die Früchte von Rosen heißen ***Hagebutten*** und enthalten in ihren Hüllen mehrere kleine Samen. ***Granatäpfel*** sind die Früchte eines Rosengewächses (*Punica granatum*), die in ihrem Aufbau den Hagebutten sehr ähnlich sind. Als ***Rosenäpfel*** bezeichnet man die Gallen der Rosengallwespen an den Trieben von Rosen.

19

Beim Stratifizieren werden die Samen schwer keimender Arten direkt nach der Ernte in ***feuchten Sand geschichtet*** und danach im Freien aufbewahrt. Nach der Keimung im Frühjahr werden sie in Rinnen ausgesät. Das ***Einweichen in Kräuterbrühen oder -tees*** nennt man Beizen. Die Samen mancher Frostkeimer werden ***in den Kühlschrank gelegt,*** um den zur Keimung nötigen Kältereiz zu simulieren.

20

F1-Hybriden entstehen aus der ***Kreuzung zweier reinrassiger Pflanzensorten.*** Das Kürzel F1 steht für erste Filialgeneration (Nachkommengeneration). Die so zur Verbesserung der Blüten- oder Fruchtqualität erzeugten Pflanzen sind nicht samenbeständig, die Nachkommen fallen sehr unterschiedlich aus. ***Zwei gekreuzte Pflanzengattungen*** ergeben einen Gattungshybriden, und ***vegetativ vermehrte Pflanzen*** nennt man Klone.

Pflanzen … und Verwandtschaft

Frage

1

Welche Pflanzengattung gehört nicht zur Familie der Liliengewächse?

- *Steppenkerze*
- *Spargel*
- *Krokus*

2

Welche Pflanze gehört zur Familie der Rosengewächse?

- *Weidenröschen*
- *Walderdbeere*
- *Rostrote Alpenrose*

3

Mit welcher attraktiven Blütenpflanze ist das Gewächs verwandt, aus dem Schwarztee gewonnen wird?

- *Kamelie*
- *Indischer Rosenapfel*
- *Passionsblume*

4

Nur eines der genannten Gemüse ist kein Nachtschattengewächs. Welches ist es?

- *Tomate*
- *Aubergine*
- *Zucchini*

Antwort

1

Die ***Krokusse*** (*Crocus* spec.) werden zur Familie der Irisgewächse (Iridaceae) gezählt. Die zu den Liliengewächsen zählenden ***Steppenkerzen*** (*Eremurus* spec.) bilden traubenförmig angeordnete Blütenkerzen und sind beliebte Zierpflanzen. Ebenfalls ein Liliengewächs ist der ***Gemüsespargel*** (*Asparagus officinalis*) sowie rund 300 verwandte Arten, von denen manche auch als Zimmerpflanze kultiviert werden.

2

Die ***Walderdbeere*** (*Fragaria vesca*) gehört zur artenreichen Familie der Rosengewächse (Rosaceae). Das ***Weidenröschen*** (*Epilobium* spec.), eine in Europa weit verbreitete, artenreiche Wildpflanze, gehört zur Familie der Nachtkerzengewächse (Onagraceae), und die ***Rostrote Alpenrose*** (*Rhododendron ferrugineum*) wird zu den Heidekrautgewächsen (Ericaceae) gezählt.

3

Der Schwarztee wird aus den fermentierten Blättern des in Asien heimischen Teestrauchs (*Camellia sinensis*) gewonnen, der mit den beliebten ***Gartenkamelien*** (*Camellia japonica* und andere *Camellia*-Arten) eng verwandt ist. Die Früchte des ***Indischen Rosenapfels*** (*Dillenia indica*) werden als Gemüse und zur Herstellung von Currys und Getränken verwendet. Manche ***Passionsblumen*** (*Passiflora* spec.) bringen essbare, unter dem Namen Maracuja vermarktete Früchte hervor.

4

Die ***Zucchini*** oder Zucchetti genannte Frucht (*Cucurbita pepo* var. *giromontiina*) gehört zu den Kürbisgewächsen und ist ein Feingemüse. Die ***Aubergine*** oder Eierfrucht (*Solanum melongena*) gehört wie die ***Tomate*** (*Lycopersicon lycopersicum*), zu den Nachtschattengewächsen.

Frage

5

Welches geschätzte Wintergemüse gehört zu den Baldriangewächsen?

- *Spinat*
- *Feldsalat*
- *Grünkohl*

6

Welches Obst gehört zu den Steinbrechgewächsen?

- *Heidelbeere*
- *Preiselbeere*
- *Johannisbeere*

7

Welcher beliebte Speisepilz gehört zu den Schlauchpilzen?

- *Speisemorchel*
- *Kaiserling*
- *Maronenröhrling*

8

Zu welcher Pflanzenfamilie gehört die Süßkartoffel?

- *Nachtschattengewächse*
- *Windengewächse*
- *Malvengewächse*

Antwort

5

Der ***Feldsalat*** (*Valerianella locusta*), auch Rapunzel oder Ackersalat genannt, gehört zu den Baldriangewächsen (Valerianaceae), zu denen auch der die Nerven beruhigende Echte Baldrian zählt. ***Spinat*** ist ein Gänsefußgewächs, und ***Grünkohl*** wird zu den Kreuzblütlern (Cruciferae) gezählt.

6

Rote und Schwarze ***Johannisbeeren*** (*Ribes* spec.) gehören, genauso wie die Stachelbeere, zu den Steinbrechgewächsen (Saxifragaceae). Die wilden Verwandten dieser Obstarten sind meist kleine, genügsame Pflanzen, die auf Felsen und in alpinen Regionen gedeihen und wirtschaftlich kaum eine Rolle spielen. ***Heidelbeeren*** (*Vaccinium myrtillus*) gehören wie ***Preiselbeeren*** (*Vaccinium vitis-idaea*) zu den Heidekrautgewächsen.

7

Zu den Schlauchpilzen (Ascomycetes) gehört nur die ***Speisemorchel*** (*Morchella esculenta*). Der Fruchtkörper dieses delikaten Pilzes besteht aus einer honigwabenähnlichen Masse. Der mit dem Fliegenpilz verwandte, aber essbare ***Kaiserling*** (*Amanita caesarea*) gehört wie der ***Maronenröhrling*** (*Boletus badius*) zu den Blätter- oder Hutpilzen (Agaricales).

8

Die vorwiegend in den Tropen und Subtropen angebaute Süßkartoffel (*Ipomoea batatas*) gehört zur Familie der ***Windengewächse*** (Convolvulaceae) und ist tatsächlich entfernt mit unserer Zaunwinde verwandt. Die Speisekartoffel (*Solanum tuberosum*) gehört zu den ***Nachtschattengewächsen.*** Die ***Malvengewächse*** (Malvaceae) bringen nicht nur schöne Blüten, sondern auch Nutz- und Nahrungspflanzen wie Baumwolle und Okra hervor.

Frage

9

Nur eines dieser Gemüse gehört zu den Kreuzblütlern. Welches ist es?

- *Bohne*
- *Kartoffel*
- *Kohl*

10

Welches Obst gehört nicht zur Familie der Rosengewächse?

- *Erdbeere*
- *Kiwi*
- *Pflaume*

11

Zu welcher Pflanzenfamilie gehört die Ananas?

- *Orchideen*
- *Bromelien*
- *Ingwergewächse*

12

Zu welcher Pflanzengruppe zählt der als hartnäckiges Gartenunkraut bekannte Schachtelhalm?

- *zu den Farnen*
- *zu den Samenfarnen*
- *zu den Nacktsamern*

Antwort

9

Der ***Kohl*** (*Brassica* spec.) gehört zur Familie der Kreuzblütler (Brassicaceae). Weitere Vertreter aus dieser vielfältigen Familie sind Senf, Gartenkresse und Rettich. Die ***Kartoffel*** gehört zu den Nachtschattengewächsen (Solanaceae) und die ***Bohne*** zu den Schmetterlingsblütlern (Leguminosae).

10

Die ***Kiwi*** (*Actinidia deliciosa*) gehört nicht zu den Rosengewächsen, sondern zu den Strahlengriffelgewächsen (Actinidiaceae). Die meisten anderen unserer Obstarten, wie Apfel, Birne, Kirsche, ***Pflaume, Erdbeere,*** Pfirsich, Aprikose, Brombeere und Himbeere, gehören zur Familie der Rosengewächse.

11

Die Ananas ist die Frucht einer tropischen ***Bromelie.*** Die rosettenförmigen Pflanzen werden auf riesigen Feldern angebaut. Viele andere Bromelien leben als Aufsitzerpflanzen auf Bäumen. Andere tropische Nutzpflanzen wie Gelbwurzel, Ingwer und Vanille gehören zu den ***Ingwergewächsen*** oder ***Orchideen.***

12

Schachtelhalme gehören zur Klasse der ***Farngewächse.*** Wie die Farne vermehren sich Schachtelhalme nicht durch Samen, sondern durch Sporen. ***Nacktsamer*** (Gymnospermaceae) sind eine ältere Gruppe der Samenpflanzen. Dazu zählen zum Beispiel die meisten Koniferen. ***Samenfarne*** waren eine bereits im Jura ausgestorbene Klasse der Nacktsamer.

Frage

13

Welches Gemüse gehört zu den Doldenblütlern?

- *Steckrübe*
- *Rote Bete*
- *Sellerie*

14

Zu welcher Pflanzenfamilie zählt die Tollkirsche?

- *Rosengewächs*
- *Nachtschatten-gewächs*
- *Heidekraut-gewächs*

15

Welche Pflanze ist eine Orchidee?

- *Pestwurz*
- *Nieswurz*
- *Nestwurz*

16

Zu welcher Familie zählen die Eichen?

- *Buchengewächse*
- *Ulmengewächse*
- *Lindengewächse*

Antwort

13

Sellerie gehört zur Familie der Doldenblütler (Apiaceae). Aus der gleichen Familie stammen noch andere Gemüsearten und Kräuter, etwa Karotte, Petersilie, Dill, Kerbel und Fenchel. ***Steckrüben*** gehören, wie alle Kohlgemüse, zu den Kreuzblütlern (Cruciferae), und ***Rote Bete*** wird, wie Spinat und Mangold, zu den Gänsefußgewächsen (Chenopodiaceae) gezählt.

14

Die in Mitteleuropa heimische Tollkirsche (*Atropa belladonna*) ist ein ***Nachtschattengewächs*** und wie die meisten Vertreter dieser Pflanzenfamilie giftig. Obwohl sie wegen des Aussehens ihrer Frucht als Kirsche bezeichnet wird, ist sie mit echten Kirschen aus der Familie der ***Rosengewächse*** nicht verwandt. Auch mit den ***Heidekrautgewächsen,*** zu denen z. B. die Heidelbeeren gehören, hat sie nichts zu tun.

15

Die ***Nestwurz*** (*Neottia nidus-avis*) ist eine einheimische Orchidee aus der Familie der Knabenkrautgewächse, die in schattigen Buchenwäldern vorkommt. Die ***Nieswurz*** (*Helleborus* spec.), Verwandte der Christrose, gehört zu den Hahnenfußgewächsen. Die ***Pestwurz*** (*Petasites hybridus*) ist ein in feuchten Wäldern vorkommender Korbblütler.

16

Eichen gehören botanisch zur Familie der ***Buchengewächse*** (Fagaceae). Auch die Esskastanie und die für unsere Laubmischwälder typische Rotbuche, gehören hierzu. Zu den ***Ulmengewächsen*** (Ulmaceae) gehören die selten gewordenen Berg- und Feldulmen, und zur Familie der ***Lindengewächse*** (Tiliaceae) zählen die bei uns verbreiteten Sommer- und Winterlinden.

Frage

17

Safran wird aus einer Pflanze gewonnen, die zu welcher Familie gehört?

- *Schwertlilien-gewächse*
- *Ingwergewächse*
- *Liliengewächse*

18

Mit welchen Pflanzen sind Artischocken verwandt?

- *Karden*
- *Disteln*
- *Rosenkohl*

19

Mit welcher Pflanze ist die Schwarzwurzel verwandt?

- *Löwenzahn*
- *Möhre*
- *Spargel*

20

Zu welcher Familie gehört die Kaiserkrone?

- *Liliengewächse*
- *Schwertlilien-gewächse*
- *Amaryllis-gewächse*

Antwort

17

Safran, das teuerste Gewürz der Welt, wird aus den Staubfäden einer Krokusart (*Crocus sativa*) gewonnen. Da Krokusse zu den ***Schwertliliengewächsen*** zählen, ist auch der Safran hier einzuordnen. Viele andere Zwiebel- und Knollenpflanzen gehören zu den ***Liliengewächsen.*** Aus der Familie der ***Ingwergewächse*** (Zingiberaceae) stammt die Gelbwurzel (Curcuma), die oft als Ersatz für Safran benutzt wird, um Speisen appetitlich gelb zu färben.

18

Die Artischocke (*Cynara scolymus*) ist eine ***Distelverwandte*** aus der Familie der Korbblütler. Verzehrt wird die unreife Blüte, bevor sich die Blütenblätter violett färben. ***Karden*** sehen zwar ähnlich wie Disteln aus und sind genauso „kratzbürstig", gehören aber zu einer anderen Pflanzenfamilie. ***Rosenkohl*** hat zwar auch schuppig aufgebaute, essbare Blütenknospen, ist aber nicht mit der Artischocke verwandt.

19

Die Schwarzwurzel (*Scorzonera hispanica*) ist ein einjährig kultiviertes Wurzelgemüse aus Südeuropa, das zur Familie der Korbblütler (Compositae) gehört und ähnliche Blüten wie der ***Löwenzahn*** entwickelt. ***Möhren*** sind auch ein Wurzelgemüse, gehören aber zur Familie der Doldenblütler. ***Spargel*** ist ein Liliengewächs.

20

Die Kaiserkrone (*Fritillaria imperialis*) gehört zur Familie der ***Liliengewächse.*** Die Zwiebelpflanze bildet im Frühjahr lang gestielte Dolden mit orangefarbenen oder gelben Blütenglocken. Obwohl sie im Aussehen eher einer ***Amaryllis*** ähneln, sind sie mit Spargel und Knoblauch verwandt. Zu den ***Schwertliliengewächsen*** gehören andere Zwiebel- und Knollenpflanzen, etwa Krokusse.

Pflanzen … und Eigenschaften

Frage

1

Welche Teile der bei uns heimischen Eibe sind nicht giftig?

- *Blätter*
- *Samenmantel*
- *Samen*

2

Wildobst gilt als gesund. Die Früchte welcher Pflanze sollte man aber besser nicht essen?

- *Gemeine Felsenbirne*
- *Vogelbeere*
- *Rote Heckenkirsche*

3

Nur einer der genannten Nadelbäume ist immergrün. Welcher ist es?

- *Lärche*
- *Urwelt-Mammutbaum*
- *Scheinzypresse*

4

Welche der folgenden Gemüsepflanzen enthält ein starkes Gift?

- *Möhre*
- *Spinat*
- *Kartoffel*

Antwort

1

Nur der fleischige, rosarote **Samenmantel** der Eibe (*Taxus baccata*) ist ungiftig. Sowohl die nadelähnlichen, dunkelgrünen ***Blätter*** wie auch die eigentlichen, vom Samenmantel (Arillus) umschlossenen, harten ***Samen*** enthalten den bereits in geringen Mengen extrem giftigen Wirkstoff Taxin. Schon 50 bis 100 Nadeln gelten für den Menschen als tödliche Dosis.

2

Die **Rote Heckenkirsche** (*Lonicera xylosteum*) aus der Familie der Geißblattgewächse bringt zwar appetitlich aussehende Früchte hervor, die aber für Menschen giftig sind. ***Vogelbeeren*** (*Aucuparia edulis*) sind nach dem Verarbeiten (z. B. durch Einkochen zu Marmelade) eine gesunde Spezialität, genauso wie die ***Gemeine Felsenbirne*** (*Amelanchier ovalis*) mit ihren bläulich bereiften Früchten.

3

Nur die **Scheinzypresse** (*Chamaecyparis* spec.) behält das ganze Jahr über ihre schuppenartigen Blätter und ist deshalb wirklich immergrün. Sie wird aus diesem Grund auch gern als Heckenpflanze verwendet. Die ***Lärche*** (*Larix decidua*) wirft als einziger europäischer Nadelbaum im Winter seine Nadeln ab. Der aus China stammende ***Urwelt-Mammutbaum*** (*Metasequoia glyptostroboides*) ist ebenfalls im Winter kahl.

4

Die **Kartoffel** (*Solanum tuberosum*) gehört zu den Nachtschattengewächsen und enthält in allen Pflanzenteilen Solanin, ein relativ starkes Gift. In den Knollen ist die Konzentration des Giftes geringer, solange sie nicht vergrünen. Dennoch kann der Verzehr roher Kartoffeln zu Vergiftungen führen. Erst durch Kochen wird das Solanin unschädlich gemacht. ***Möhren*** und ***Spinat*** sind ungiftig.

Frage

5

Nur einer der hier genannten Pilze ist essbar. Welcher ist es?

- *Glattstieliger Hexenröhrling*
- *Pantherpilz*
- *Stinkschirmling*

6

Welche der hier genannten Pflanzen ist Fleisch fressend?

- *Silge*
- *Sonnentau*
- *Sommerwurz*

7

Wofür ist die Welwitschie bekannt?

- *die größten Blüten*
- *die größten Früchte*
- *die ältesten Blätter*

8

Welche Baumart wächst am höchsten?

- *Küsten-Mammutbaum*
- *Urwelt-Mammutbaum*
- *Eukalyptus*

Antwort

5

Der mit dem Maronenröhrling und dem Steinpilz verwandte **Glattstielige Hexenröhrling** (*Boletus erythropus*) ist ein geschätzter Speisepilz. Bei Verletzungen färben sich alle Pilzteile blau, was sehr giftig aussieht, aber nichts bedeutet. Der ***Pantherpilz*** (*Amanita pantherina*) ist ein Giftpilz, genauso wie der ***Stinkschirmling*** (*Lepiota cristata*).

6

Der **Sonnentau** (*Drosera*) ist eine bei uns heimische, Fleisch fressende Pflanze, die mit klebrigen Tentakeln Insekten fängt und diese dann verdaut. Die ***Silge*** (*Selinum carvifolia*) ist ein nach Petersilie duftender, für Insekten und andere Kleintiere völlig ungefährlicher Doldenblütler. Ebenfalls fleischlos ernähren sich die ***Sommerwurze*** (Orobanchaceae), auch Würger genannt. Sie schmarotzen an zweikeimblättrigen Pflanzen.

7

Die in Namibia heimische Welwitschie (*Welwitschia mirabilis*) hat riemenförmige Blätter, die von der Basis her kontinuierlich weiterwachsen, während sie von der Spitze her absterben. Sie gilt deshalb als die ***Pflanze mit den ältesten Blättern.*** Man schätzt, dass manche Exemplare über 1000 Jahre alt werden. Die ***größten Blüten*** besitzt die indonesische Titanenwurz und die Seychellennuss die ***größte Frucht.***

8

Als höchster Baum gilt ein ***Küsten-Mammutbaum*** (*Sequoia sempervirens*) im kalifornischen Humboldt Redwoods State Park, der Stratosphere Giant. Er ist über 112 m hoch. ***Eukalyptusbäume*** können ebenfalls sehr hoch werden. In Tasmanien steht ein Exemplar, das 97 m hoch ist. Der in Asien beheimatete ***Urwelt-Mammutbaum*** (*Metasequoia glyptostroboides*) wird nur etwa 50 m hoch.

Frage

9

Welche dieser Pflanzen ist am giftigsten?

- *Roter Fingerhut*
- *Rizinus*
- *Tollkirsche*

10

Welche Eigenschaft hat die Gemeine Stinkmorchel?

- *essbar*
- *Parasit*
- *wächst auf totem Holz*

11

Wofür ist der Riesen-Bärenklau gefürchtet?

- *schmarotzende Lebensweise*
- *giftiger Pflanzensaft*
- *aggressive Ausbreitung*

12

Welche der genannten Holzarten eignet sich am besten für die Verwendung im Freien?

- *Robinie*
- *Eiche*
- *Birke*

Antwort

9

Die Samen der **Rizinuspflanze** (*Rizinus communis*), auch als Wunderbaum bezeichnet, enthalten ein Gift, das 6000-mal stärker als Zyankali wirkt und wohl das stärkste Pflanzengift überhaupt ist. ***Roter Fingerhut*** (*Digitalis purpurea*) enthält Digitalis, ein Glykosid, das sowohl als Gift wie auch als Medikament bekannt ist. Auch das in der ***Tollkirsche*** (*Atropa bella-donna*) enthaltene Atropin wird sowohl als Gift wie auch als Medikament verwendet.

10

Die Gemeine Stinkmorchel (*Phallus impudicus*) ist ***jung essbar.*** Ältere Exemplare entwickeln eine unappetitliche, stinkende Schleimschicht auf dem Hut. Als ***Parasiten*** leben viele Pilze, darunter so interessante wie die Puppen-Kernkeule, die im lebenden Gewebe von Schmetterlingsraupen lebt. Der Kellerschwamm ist bekannt dafür, dass er auf ***totem Holz*** lebt.

11

Der auch als Herkulespflanze bekannte Riesen-Bärenklau (*Heracleum mantegazzianum*) ist vor allem wegen seines ***giftigen Pflanzensafts*** gefürchtet, der schwere Hautreizungen, Schwellungen und Blasenbildungen hervorruft. Die bis zu 5 m hohe Wildstaude ist weder ein ***Schmarotzer*** noch ***breitet sie sich aggressiv aus,*** obschon sie unter günstigen Bedingungen sehr fruchtbar sein kann.

12

Am dauerhaftesten widersteht das Holz der auch Scheinakazie genannten **Robinie** (*Robinia pseudoacacia*) allen Witterungseinflüssen. Das Holz dieser aus Nordamerika eingebürgerten Baumart wird deshalb gern zu Fußböden und witterungsbeständigen Gartenmöbeln verarbeitet. Fast ebenso dauerhaft ist das Holz der ***Eiche.*** Wenig witterungsbeständig ist dagegen das Holz von ***Birken.***

Frage

13

Welche Rauschdroge wird aus dem Indischen Hanf gewonnen?

- *Opium*
- *Marihuana*
- *Kokain*

14

Aus welchem Pflanzenteil wird Weihrauch hergestellt?

- *Harz subtropischer Bäume*
- *tropische Blüte*
- *exotische Frucht*

15

Welche Pflanze dient Seidenraupen als Futter?

- *Brennnessel*
- *Maulbeerbaum*
- *Kohl*

16

Welche Getreideart hat die längsten Grannen?

- *Weizen*
- *Roggen*
- *Gerste*

Antwort

13

Aus den Blättern des Indischen Hanfs (*Cannabis sativa*) wird ***Marihuana*** gewonnen. Das Harz derselben Pflanze wird als Haschisch bezeichnet und enthält die berauschenden Wirkstoffe in konzentrierter Form. ***Opium*** wird aus dem Milchsaft des Schlafmohns (*Papaver somniferum*) und ***Kokain*** aus den Blättern des südamerikanischen Kokastrauches (*Erythroxylum coca*) gewonnen.

14

Weihrauch wird aus den ***Harzen verschiedener subtropischer Gehölze*** gewonnen. Am begehrtesten ist das weiße Harz der Weihrauchbäume (Boswellia) von der arabischen Halbinsel und aus Somalia. Auch aus ***tropischen Blüten*** und ***Früchten*** gewinnt man Düfte, etwa Frangipani oder Bergamotte, die vorwiegend in der Parfümerie eingesetzt werden.

15

Die Raupen des ostasiatischen Seidenspinners (*Bombyx mori*) ernähren sich ausschließlich von den Blättern des ***Weißen Maulbeerbaums*** (*Morus alba*). Aus dem Kokon der Puppe wird die Seide gewonnen. ***Brennnesseln*** sind die bevorzugten Futterpflanzen für die Raupen des Tagpfauenauges, und ***Kohl*** fressen die Raupen des Kohlweißlings mit großem Appetit.

16

Die längsten Grannen hat die ***Gerste*** (*Hordeum vulgare*). Sie ist eine der ältesten europäischen und asiatischen Kulturpflanzen und wächst von Norwegen bis in den Himalaja. Heute wird sie vor allem zur Schweinefütterung und zum Brauen von Bier verwendet. ***Weizen*** (*Triticum aestivum*) ist weltweit das wichtigste Getreide und hat die kürzesten Grannen. ***Roggen*** (*Secale cereale*) hat mittellange Grannen.

Frage

17

Welche der genannten Pflanzen hat duftendes Laub?

- *Maiglöckchen*
- *Goldlack*
- *Geranie*

18

Welche Frucht schmeckt in unreifem Zustand nach Terpentin?

- *Mango*
- *Litschi*
- *Karambole*

19

Wodurch unterscheidet sich die Ananas von vielen anderen Früchten?

- *wächst nur in den Tropen*
- *wird unreif geerntet*
- *hat keine Samen*

20

Welche Blüten sind nicht essbar?

- *Rose*
- *Gänseblümchen*
- *Küchenschelle*

Antwort

17

Die Mitglieder der Familie der **Geraniengewächse** haben zum großen Teil duftendes Laub. Am bekanntesten sind die sogenannten Duftgeranien (*Pelargonium* spec.), deren Laub je nach Sorte nach Zitrone, Rosen, Zimt oder Minze riecht. Aber auch das Laub der Balkongeranien, die ebenfalls zur Familie Pelargonium gehören, duftet aromatisch. ***Maiglöckchen*** und ***Goldlack*** sind wegen ihrer duftenden Blüten berühmt.

18

Die auch als „Apfel der Tropen" bezeichnete **Mango** (*Mangifera indica*) enthält in unreifem Zustand tatsächlich das unangenehm harzig schmeckende Terpentin, das erst in den vollreifen Früchten abgebaut wird. Die kleinen, stacheligen ***Litschis*** (*Litchi chinensis*) schmecken unreif etwas seifig. Die dekorative, aber etwas fade ***Karambole*** (*Averrhoa carambola*) schmeckt unreif einfach sauer.

19

Die bei uns in den Geschäften erhältliche Ananas (*Ananas comosus*) ist eine sterile Frucht, die **keine Samen enthält.** Aus bestäubten Blüten würden sich Früchte mit bis zu 3000 harten Samen entwickeln, die ungenießbar wären. ***Nur in den Tropen*** wachsen auch andere Früchte, etwa Papaya, Mango und Bananen, die alle ***halbreif geerntet*** werden, damit sie beim Transport nicht verderben.

20

Die Blüten der **Küchenschelle** (*Pulsatilla vulgaris*) sollte man – trotz des Namens – nicht in der Küche verwenden, weil sie giftig sind. Viele unserer Zierpflanzen haben jedoch essbare Blüten. Bedenkenlos verwenden kann man zum Beispiel ***Rosenblüten*** und die kleinen ***Gänseblümchen*** (*Bellis perennis*), die im Rasen wachsen – vorausgesetzt, die Pflanzen sind ungespritzt.

Frage

1

Welcher dieser volkstümlichen Namen bezeichnet eine Pflanze?

- *Seeanemone*
- *Seerose*
- *Seegurke*

2

Welches Kraut war Bestandteil der im Mittelalter legendären Hexensalbe?

- *Hexenkraut*
- *Schwarzes Bilsenkraut*
- *Schwarze Teufelskralle*

3

Welche der nachfolgenden Pflanzen wächst an Land?

- *Wasserhyazinthe*
- *Wasserkastanie*
- *Wassernuss*

4

Was ist Vanille?

- *Frucht einer tropischen Orchideenart*
- *Rinde eines tropischen Baums*
- *gemahlene Schale einer tropischen Nuss*

Antwort

1

Die **Seerose** (*Nymphaea*) ist eine weltweit in Binnengewässern verbreitete Wasserpflanze, die wegen ihrer hübschen Blüten auch in Teichen kultiviert wird. Bei ***Seeanemonen*** handelt es sich um im Meer lebende Korallentiere aus der Familie der Actiniaria. ***Seegurken,*** auch Seewalzen genannt, gehören zu den Stachelhäutern (Echinodermata), leben ebenfalls im Meer und gelten in manchen Weltgegenden als Delikatesse.

2

Das **Schwarze Bilsenkraut** (*Hyoscyamus niger*), ein giftiges Nachtschattengewächs, sollte die Hexen zum Flug auf den Blocksberg beflügeln. ***Hexenkraut*** (*Circaea lutetiana*) ist ein äußerst lästiges Gartenunkraut, und die ***Schwarze Teufelskralle*** (*Phyteuma* spec.) aus der Familie der Glockenblumengewächse wird mitunter als Heilpflanze bei Gelenkbeschwerden empfohlen.

3

Die **Wasserkastanie** (*Pachira aquatica*) ist ein bis 20 m hoher Baum des tropischen Amerika, der regelmäßige Überschwemmungen toleriert, aber auch als Straßenbaum angepflanzt wird. Die europäische ***Wassernuss*** (*Trapa natans*) ist eine Schwimmblattpflanze, und die südamerikanische ***Wasserhyazinthe*** (*Eichhornia crassipes*) wächst in stillen und langsam fließenden Gewässern.

4

Vanille ist die **Frucht einer tropischen Orchideenart** (*Vanilla planifolia*). Die länglichen, schotenartigen Früchte enthalten Zehntausende winziger, schwarzer Samenkörner, die nach einem Fermentationsprozess zum zweitteuersten Gewürz der Welt werden. Aus der ***Rinde eines tropischen Baums*** wird Zimt gewonnen, und ein beliebtes Gewürz aus ***einer tropischen Nuss*** ist Muskat.

Frage

5

Welches ist kein echter Apfel?

- *Klarapfel*
- *Gallapfel*
- *Holzapfel*

6

Welche Pflanze war Vorbild für die Entwicklung moderner, sich selbst reinigender Oberflächen?

- *Lack-Zistrose*
- *Lotosblume*
- *Wasserhyazinthe*

7

Unter welchen Baum setzte sich Siddharta Gautama, der Begründer des Buddhismus, um Erleuchtung zu finden?

- *Pepul-Baum*
- *Banyan-Baum*
- *Jacaranda-Baum*

8

Aus dem Saft welcher Pflanze wird Tequila gebrannt?

- *Zuckerrohr*
- *Agave*
- *Mais*

Antwort

5

Als **Galläpfel** bezeichnet man die apfel- bis kugelförmigen Wucherungen an den Unterseiten von Blättern verschiedener Pflanzenarten. Hervorgerufen werden sie von den Larven mehrerer Wespenarten, die sich in den Gallen entwickeln. Der ***Holzapfel*** (*Malus sylvestris*) ist die Wildform des Kultur-Apfels (*Malus domestica*). Der ***Klarapfel*** ist ein früh reifender, erfrischend säuerlich schmeckender Sommerapfel.

6

Von der Blattoberfläche der **Lotosblume** (*Nelumbo* spec.) perlt Wasser und Schmutz automatisch ab, als wäre sie imprägniert. Die Industrie kopierte diesen Effekt, um sich selbst reinigende Oberflächen zu entwickeln. Die ***Lack-Zistrose*** (*Cistus ladanifer*) erhielt ihren Namen wegen der siegellackroten Tupfen auf den Blütenblättern, und die ***Wasserhyazinthe*** wird in Asien als Schweinefutter und Flechtmaterial verwendet.

7

Siddharta Gautama setzte sich unter einen **Pepul-Baum** (*Ficus religiosa*), der auch als Bodhi-Baum bezeichnet wird. In Asien wird der Baum, ein Maulbeergewächs, deshalb auch als das Sinnbild der Erleuchtung verehrt. Nah verwandt ist der indische ***Banyan-Baum*** (*Ficus benghalensis*). Der blauviolett blühende ***Jacaranda-Baum*** (*Jacaranda mimosifolia*) stammt jedoch aus Südamerika, deshalb konnte Buddha nicht darunter sitzen.

8

Tequila, ein mexikanischer Branntwein, wird aus dem vergorenen Saft der Amerikanischen **Agave** (*Agava americana*) gebrannt. Aus ***Zuckerrohr*** brennt man Rum, und auch aus ***Mais*** lässt sich ein Branntwein herstellen, der aber nicht Tequila genannt werden darf.

Frage

9

Wie wächst Schwarzer Pfeffer?

- *auf Bäumen*
- *als Kletterpflanze*
- *als krautige Staude*

10

Welche köstlich schmeckende exotische Frucht riecht so unangenehm, dass sie in Flugzeugen nicht im Handgepäck transportiert werden darf?

- *Durian*
- *Cherimoya*
- *Loquat*

11

Was stellt man aus der Knolle des Topinamburs her?

- *Schnaps*
- *Wundbalsam*
- *Farbstoff*

12

Aus welcher Pflanze gewinnt man ein wirksames Beruhigungsmittel?

- *Roter Fingerhut*
- *Hopfen*
- *Rosmarin*

Antwort

9

Echter oder Schwarzer Pfeffer (*Piper nigrum*) ist eine tropische, ursprünglich aus Südwestindien stammende ***Kletterpflanze,*** die in der Natur bis 15 m hoch wird. Unreif geerntete Früchte werden als grüner Pfeffer eingelegt; fermentiert und getrocknet werden sie zu schwarzem Pfeffer. Andere, auch als Pfeffer bezeichnete Gewürze wachsen entweder an ***krautigen Stauden,*** wie der Cayenne-Pfeffer (*Capsicum fruetscens*), oder an ***Bäumen*** wie dem Pfefferbaum (*Schinus molle*).

10

Die großen, graugrünen bis gelbbraunen, rundlichen Früchte des südostasiatischen **Durianbaums** (*Durio zibethinus*) stinken so unerträglich, dass sie in öffentlichen Verkehrsmitteln entweder gar nicht oder nur in luftdicht verschlossenen Behältern transportiert werden dürfen. Die ***Loquat*** oder Wollmispel riecht kaum, und die ***Cherimoya*** verströmt nur dann einen (meist angenehmen) Geruch, wenn die Frucht zerdrückt wird.

11

Aus der Knolle des Topinamburs (*Helianthus tuberosus*) stellt man **Schnaps** her. Die mit den Sonnenblumen verwandte Pflanze kam Anfang des 17. Jahrhunderts aus Amerika nach Europa und wurde lange Zeit als Knollengemüse geschätzt. Die Knollen enthalten wertvolles Inulin, was sie zu einem wichtigen Diätgemüse machen. Als ***Wundbalsam*** oder ***Farbstoff*** werden sie nicht genutzt.

12

Die beruhigende, schlaffördernde Wirkung von **Hopfen** (*Humulus lupulus*) ist wissenschaftlich erwiesen, während ***Rosmarin*** eher anregend wirkt. ***Roter Fingerhut*** ist wegen seines Gehalts an Digitalis als Arzneipflanze für Herzkrankheiten bekannt.

Frage

13

Wie nennt man die Orchideen der Gattung Phalaenopsis auf Deutsch?

- *Nachtfalter-orchideen*
- *Stiefmütterchen-orchideen*
- *Frauenschuh-orchideen*

14

Um was handelt es sich bei den schon von König Salomo in der Bibel besungenen Narden?

- *kratzige Disteln*
- *saftige Früchte*
- *wohlriechende Pflanzen*

15

Was wird aus Mandeln, Aromen und Puderzucker hergestellt?

- *Persipan*
- *Marzipan*
- *Nougat*

16

Welcher Teil des Süßholz-strauchs wird als Süßholz verkauft?

- *Zweige*
- *Früchte*
- *Wurzeln*

Antwort

13

Der deutsche Name für die Orchideen aus der Gattung *Phalaenopsis* ist ***Nachtfalterorchidee.*** Gebräuchlich sind auch die Bezeichnungen Mond- oder Mottenorchidee. ***Stiefmütterchenorchideen*** nennt man die Mitglieder der Gattung *Miltoniopsis,* und als ***Frauenschuhorchideen*** bezeichnet man die auch in Europa heimischen Mitglieder der Gattung *Cypripedium.*

14

Im Hohelied Salomos heißt es: „Du bist gewachsen wie ein Lustgarten von Granatäpfeln mit edlen Früchten, Zypernblumen mit Narden." Mit dem Ausdruck Narde sind ***wohlriechende Pflanzen*** wie Lavendel oder Baldrian gemeint, die im Altertum für die Herstellung von Salben und Arzneien verwendet wurden, und natürlich keine ***kratzenden Disteln*** (oder Karden) und auch keine ***saftigen Früchte.***

15

Die besonders zur Weihnachtszeit beliebte Süßigkeit ***Marzipan*** wird aus Mandeln, Puderzucker und in den meisten Fällen Rosenwasser als Aroma hergestellt. ***Nougat*** ist in Deutschland eine süße Spezialität aus Haselnüssen, Kakao und Zucker. ***Persipan*** wird wie Marzipan hergestellt, nur dass statt Mandeln die Kerne von Pfirsichen verwendet werden.

16

Das Süßholz (*Glycyrrhiza glabra*), ein südeuropäischer Schmetterlingsblütler, ist eine Staude, deren ***Wurzeln*** Süßholzzucker (Glycyrrhizin) enthalten. Aus dem daraus gekochten Auszug wird Lakritz hergestellt. Die getrockneten Wurzeln werden aber auch im Naturzustand verkauft und gern gekaut. ***Zweige*** bzw. Stängel und ***Früchte*** der Pflanze werden nicht verwendet.

Frage

17

Wie heißt die Masse, die bei der Produktion von Zucker übrig bleibt?

- *Melasse*
- *Melisse*
- *Melone*

18

Woraus brennen die Japaner Sake?

- *Weizen*
- *Reis*
- *Kirschpflaumen*

19

Was ist das Weiße des Blumenkohls, das wir verzehren?

- *Frucht*
- *Knolle*
- *Blütenstand*

20

Welches ist der wohl größte Pilz der Erde?

- *Riesenbovist*
- *Hallimasch*
- *Riesenporling*

Antwort

17

Die schwarze, klebrige Masse, die bei der Produktion von Zucker übrig bleibt, nennt man ***Melasse.*** Sie wird als Viehfutter und als Ausgangsprodukt für die Rum- oder Spiritusherstellung verwendet. ***Melisse*** (*Melissa officinalis*) ist ein geschätztes Heilkraut mit beruhigender Wirkung, und die ***Melone*** eine erfrischende, süße Frucht.

18

Der japanische Reiswein oder Sake wird aus ***Reis*** gebrannt und ist auch in China verbreitet. Er hat einen Alkoholgehalt von 12 bis 16 Vol.-% und wird meist warm getrunken. Aus ***Kirschpflaumen*** bereiten die Asiaten einen süß schmeckenden Pflaumenwein. ***Weizen*** wird in Asien nicht zu traditionellen Spirituosen verarbeitet, dafür aber umso mehr in Europa, wo er als „Korn" beliebt ist.

19

Das Weiße, das wir vom Blumenkohl (*Brassica oleracea*) essen, ist ein ***Blütenstand.*** Es handelt sich um halb entwickelte Blütenstandsanlagen, die zu einem festen Kopf verwachsen sind. Bei verdickten Sproß- oder Wurzelabschnitten, wie etwa bei Kartoffeln, spricht man von ***Knollen,*** und ***Früchte*** sind im botanischen Sinn nur die Pflanzenteile, die Samen zur Vermehrung enthalten.

20

Nicht allein die Kappe macht den Pilz aus. Der Hauptteil eines Pilzes befindet sich als Wurzelgeflecht (Myzel) im Boden. Deshalb ist der größte bekannte Pilz der Welt ein ***Schwarzer Hallimasch*** in einem Wald in Oregon, USA, dessen Myzel sich in etwa 2400 Jahren über 890 Hektar ausgebreitet hat. Der Fruchtkörper eines ***Riesenbovists*** kann einen Durchmesser von 1 m erreichen. Trotz seines Namens sind die Kappen des ***Riesenporlings*** mit etwa 10 cm relativ unspektakulär.